성취도 그래프

성취도 그래프 활용법

❶ 회차별 공부가 끝나면 그래프의 맞힌 개수 칸에 붙임딱지(🐾)를 붙입니다.

❷ 그래프의 변화를 보면서 스스로 성취도를 확인하고 연산 실력과 자신감을 키웁니다.

⭐ 회차별로 모두 맞힌 개수입니다.

맞힌 개수	01회	02회	03회	04회	05회	06회	07회	08회	09회	10회	11회	12회	13회	14회	15회	16회	17회	18회	19
46개 이상																			
43~45개	★															★			
40~42개							★	★			★								
37~39개		★			★							★							
34~36개			★	★		★	★		★	★			★	★					
31~33개																			
28~30개																			★
25~27개																	★	★	
22~24개																			
19~21개																			
16~18개																			
13~15개																			
10~12개																			
7~9개																			
4~6개																			
0~3개																			
단원	1단원								2단원								3단		

수학은 **수와 연산 영역이 모든 영역의 문제를 푸는 데 연계**되기 때문에
모든 단원에서 연산 학습을 해야 완벽한 수학 기초 실력을 쌓을 수 있습니다.
특히 초등 수학은 **연산 능력이 바탕인 수학 개념이 많기 때문에**
모든 단원의 개념을 기초로 연산 실력을 다져야 합니다.

도형 / 측정 / 규칙성 / 자료와 가능성
수와 연산

4학년		5학년		6학년	
1학기	**2학기**	**1학기**	**2학기**	**1학기**	**2학기**
1. 큰 수 3. 곱셈과 나눗셈	1. 분수의 덧셈과 뺄셈 3. 소수의 덧셈과 뺄셈	1. 자연수의 혼합 계산 2. 약수와 배수 4. 약분과 통분 5. 분수의 덧셈과 뺄셈	2. 분수의 곱셈 4. 소수의 곱셈	1. 분수의 나눗셈 3. 소수의 나눗셈	1. 분수의 나눗셈 2. 소수의 나눗셈
2. 각도 4. 평면도형의 이동	2. 삼각형 4. 사각형 6. 다각형		3. 합동과 대칭 5. 직육면체	2. 각기둥과 각뿔	3. 공간과 입체 6. 원기둥, 원뿔, 구
2. 각도		6. 다각형의 둘레와 넓이	1. 수의 범위와 어림하기	6. 직육면체의 부피와 겉넓이	5. 원의 넓이
6. 규칙 찾기		3. 규칙과 대응		4. 비와 비율	4. 비례식과 비례배분
5. 막대그래프	5. 꺾은선그래프		6. 평균과 가능성	5. 여러 가지 그래프	

학년별 학습 구성

> 교과서 모든 단원을 빠짐없이 수록하여
> 수학 기초 실력과 연산 실력을 동시에 향상

수학 영역	1학년		2학년		3학년	
	1학기	2학기	1학기	2학기	1학기	2학기
수와 연산	1. 9까지의 수 3. 덧셈과 뺄셈 5. 50까지의 수	1. 100까지의 수 2. 덧셈과 뺄셈(1) 4. 덧셈과 뺄셈(2) 6. 덧셈과 뺄셈(3)	1. 세 자리 수 3. 덧셈과 뺄셈 6. 곱셈	1. 네 자리 수 2. 곱셈구구	1. 덧셈과 뺄셈 3. 나눗셈 4. 곱셈 6. 분수와 소수	1. 곱셈 2. 나눗셈 4. 분수
도형	2. 여러 가지 모양	3. 여러 가지 모양	2. 여러 가지 도형		2. 평면도형	3. 원
측정	4. 비교하기	5. 시계 보기와 규칙 찾기	4. 길이 재기	3. 길이 재기 4. 시각과 시간	5. 길이와 시간	5. 들이와 무게
규칙성		5. 시계 보기와 규칙 찾기		6. 규칙 찾기		
자료와 가능성			5. 분류하기	5. 표와 그래프		6. 자료의 정리

나의 다짐

○ 나는 하루에 4쪽 큐브수학 연산을 공부합니다.

○ 나는 문제를 다 푼 다음, 실수하지 않도록 꼭 검토를 하겠습니다.

○ 나는 다 맞힌 회차를 　　　 회 도전합니다.

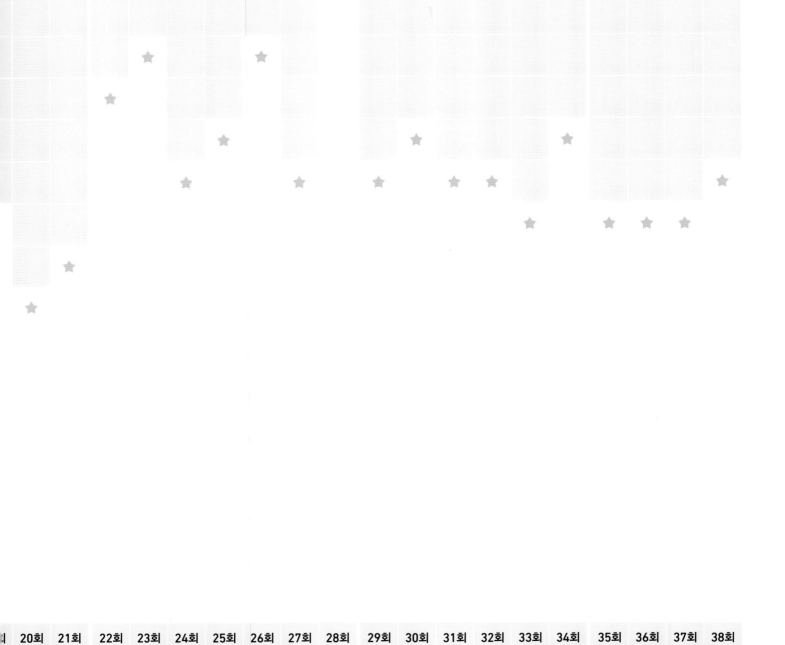

20회	21회		22회	23회	24회	25회	26회	27회	28회	29회	30회	31회	32회	33회	34회	35회	36회	37회	38회
원			4단원							5단원						6단원			

★ 성취도 그래프의 맞힌 개수 칸에 붙임딱지를 붙이세요.

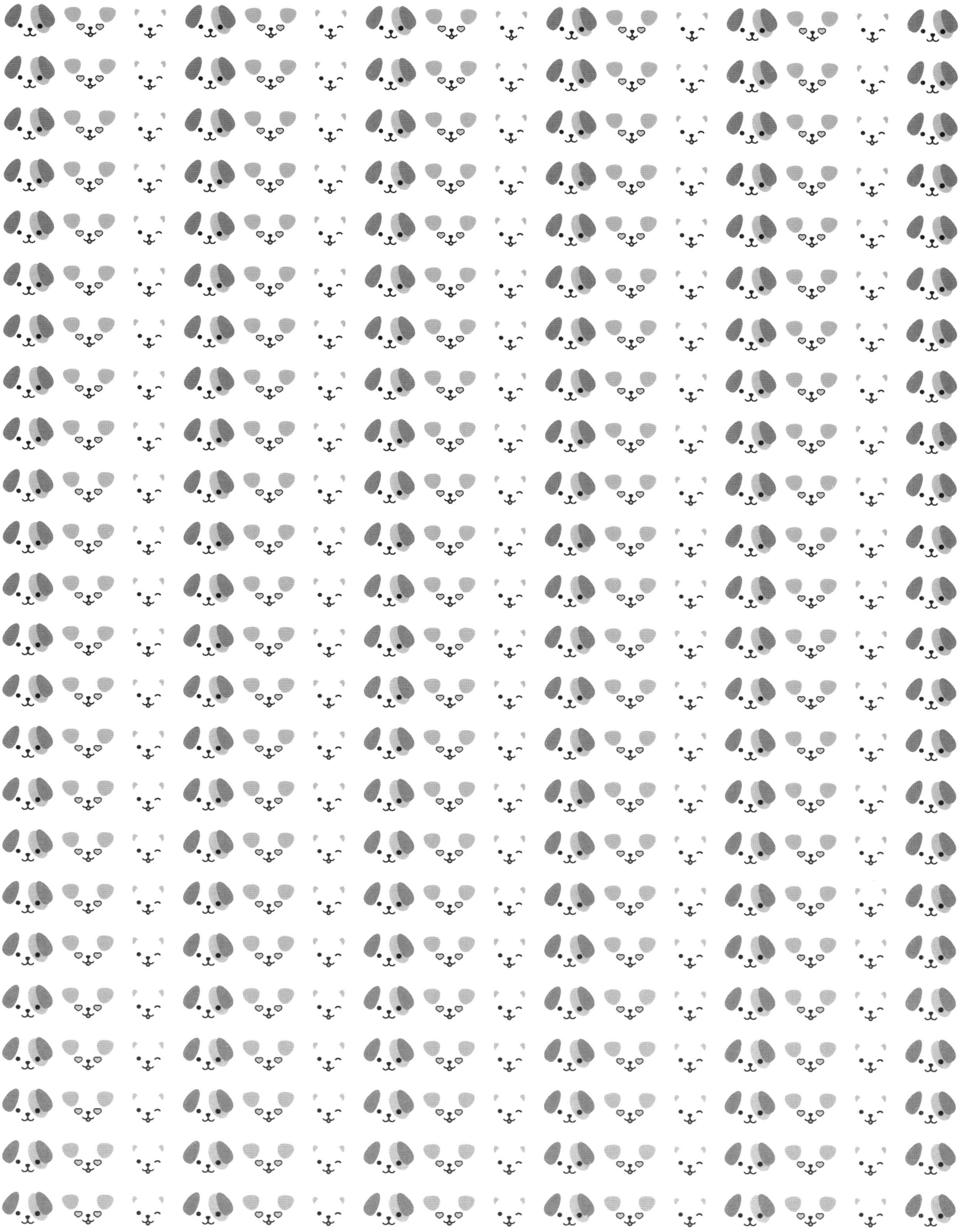

큐브 수학 연산

6-2

특징과 구성

#전 단원
#한 권으로
#빠짐없이

연산 따로 도형 따로 NO,
연산 학습도 수학 교과서의 단원별 개념 순서에 맞게 빠짐없이

수학은 개념 간 유기적으로 연결되어 있기 때문에 교과서 개념 순서에 맞게 학습해야 합니다. 연산이 필요한 부분만 선택적 학습을 하면 개념 이해가 부족하여 연산 실수가 생깁니다. 특히 도형과 측정 영역에서 개념 이해 없이 연산 방법만 공식처럼 암기하면 연산 학습에 구멍이 생깁니다. 따라서 모든 단원의 내용을 교과서 개념 순서에 맞춰 연산 학습해야 합니다.

#하루 4쪽
#4단계
#체계적인

기계적인 단순 반복 학습 NO,
하루 4쪽 체계적인 4단계 연산 유형으로 완벽하게

학생들이 연산 학습을 지루하게 생각하는 이유는 기계적인 단순 반복 훈련을 하기 때문입니다.

하루 4쪽 개념 ➔ 연습 ➔ 활용 ➔ 완성 의 체계적인 4단계 문제로 구성되어 있어 지루하지 않고 효과적으로 연산 실력을 키울 수 있습니다.

#같은 수
#연산 감각
#효율적

같은 수 다른 문제로 연산 학습을 효율적으로

기계적인 단순 반복 학습을 하면 많은 문제를 풀어도 연산 실수가 생깁니다. 같은 수 다른 문제를 통해 수 감각을 익히면 자연스럽게 연산 감각이 향상되어 효율적으로 연산 학습을 할 수 있습니다.

#성취감
#자신감
#재미있게

성취도 그래프로 성취감을 키워 연산 학습을 재미있게

학습을 끝낸 후 성취도 그래프에 붙임딱지를 붙입니다. 다 맞힌 날수가 늘어날수록 성취감과 수학 자신감이 향상되어 연산 학습을 재미있게 할 수 있습니다.

하루 4쪽 4단계 학습

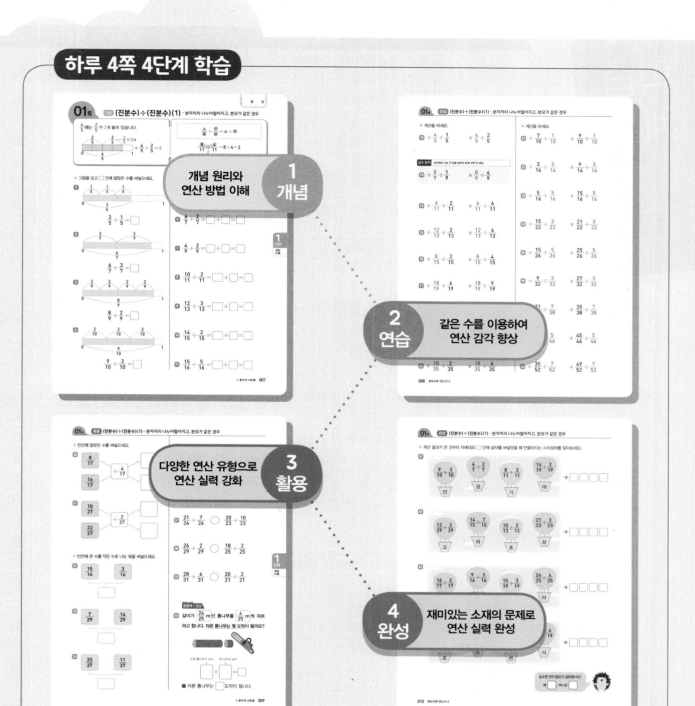

1 개념 — 개념 원리와 연산 방법 이해

2 연습 — 같은 수를 이용하여 연산 감각 향상

3 활용 — 다양한 연산 유형으로 연산 실력 강화

4 완성 — 재미있는 소재의 문제로 연산 실력 완성

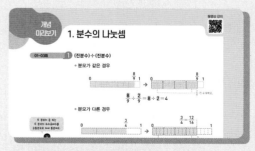

개념 미리보기 + 동영상
한 단원 내용의 전체 흐름을 한눈에 볼 수 있
도록 구성

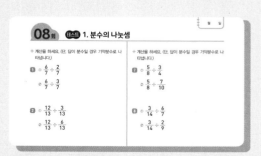

단원 테스트
한 단원의 학습을 마무리하며 연산 실력을
점검

학습
계획

1

분수의 나눗셈

동영상 강의

1. 분수의 나눗셈

01~03회 **1** **(진분수)÷(진분수)**

◆ 분모가 같은 경우

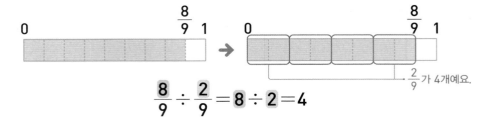

$$\frac{8}{9} \div \frac{2}{9} = 8 \div 2 = 4$$

◆ 분모가 다른 경우

두 분모의 곱 또는
두 분모의 최소공배수를
공통분모로 하여 통분해요.

$$\frac{3}{4} \div \frac{3}{16} = \frac{12}{16} \div \frac{3}{16} = 12 \div 3 = 4$$

통분하기

04~05회 **2** **(자연수)÷(진분수) / (가분수)÷(진분수)**

분수의 나눗셈을 분수의 곱셈으로 바꾼 후 계산합니다.

(자연수)÷(진분수)	(가분수)÷(진분수)
$8 \div \frac{4}{5} = \overset{2}{8} \times \frac{5}{4} = 10$	$\frac{7}{4} \div \frac{5}{8} = \frac{7}{4} \times \frac{\overset{2}{8}}{5} = \frac{14}{5} = 2\frac{4}{5}$

06~07회 **3** **(대분수)÷(대분수)**

대분수를 가분수로 바꾼 후
두 분수를 통분하여
계산할 수도 있어요.

대분수를 가분수로 바꾸기	→	나눗셈을 곱셈으로 바꾸기	→	분수의 분모와 분자를 바꾸어 계산하기

나눗셈을 곱셈으로 바꾸기

$$3\frac{3}{4} \div 2\frac{1}{3} = \frac{15}{4} \div \frac{7}{3} = \frac{15}{4} \times \frac{3}{7} = \frac{45}{28} = 1\frac{17}{28}$$

분모와 분자를 바꾸기

01회 개념 (진분수)÷(진분수)(1) - 분자끼리 나누어떨어지고, 분모가 같은 경우

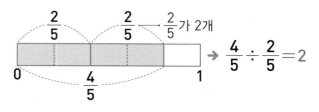

$\dfrac{4}{5}$에는 $\dfrac{2}{5}$가 2개 들어 있습니다.

$\dfrac{2}{5}$ → $\dfrac{2}{5}$가 2개

→ $\dfrac{4}{5} \div \dfrac{2}{5} = 2$

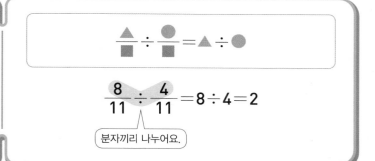

$\dfrac{\blacktriangle}{\blacksquare} \div \dfrac{\bullet}{\blacksquare} = \blacktriangle \div \bullet$

$\dfrac{8}{11} \div \dfrac{4}{11} = 8 \div 4 = 2$

분자끼리 나누어요.

❖ 그림을 보고 ☐ 안에 알맞은 수를 써넣으세요.

1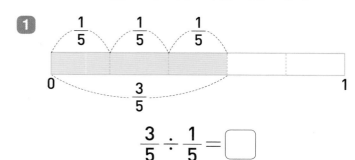

$\dfrac{3}{5} \div \dfrac{1}{5} = \boxed{}$

2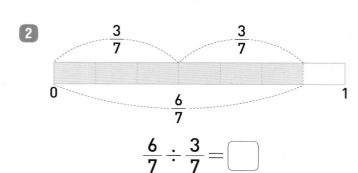

$\dfrac{6}{7} \div \dfrac{3}{7} = \boxed{}$

3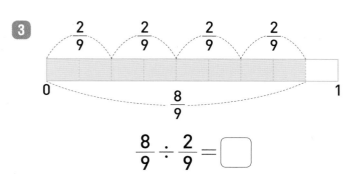

$\dfrac{8}{9} \div \dfrac{2}{9} = \boxed{}$

4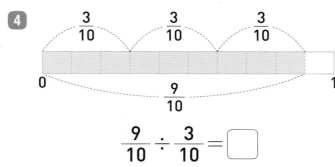

$\dfrac{9}{10} \div \dfrac{3}{10} = \boxed{}$

❖ ☐ 안에 알맞은 수를 써넣으세요.

5 $\dfrac{2}{3} \div \dfrac{1}{3} = \boxed{} \div \boxed{} = \boxed{}$

6 $\dfrac{6}{7} \div \dfrac{2}{7} = \boxed{} \div \boxed{} = \boxed{}$

7 $\dfrac{4}{9} \div \dfrac{2}{9} = \boxed{} \div \boxed{} = \boxed{}$

8 $\dfrac{10}{11} \div \dfrac{2}{11} = \boxed{} \div \boxed{} = \boxed{}$

9 $\dfrac{12}{13} \div \dfrac{3}{13} = \boxed{} \div \boxed{} = \boxed{}$

10 $\dfrac{14}{15} \div \dfrac{2}{15} = \boxed{} \div \boxed{} = \boxed{}$

11 $\dfrac{15}{16} \div \dfrac{5}{16} = \boxed{} \div \boxed{} = \boxed{}$

1 단원

정답 01쪽

✦ 계산을 하세요.

12 ① $\dfrac{4}{5} \div \dfrac{1}{5}$ 　② $\dfrac{4}{5} \div \dfrac{2}{5}$

> **실수 방지** 분자끼리 나눈 후 답을 분모와 함께 쓰면 안 돼요.

13 ① $\dfrac{8}{9} \div \dfrac{1}{9}$ 　② $\dfrac{8}{9} \div \dfrac{4}{9}$

14 ① $\dfrac{6}{11} \div \dfrac{2}{11}$ 　② $\dfrac{6}{11} \div \dfrac{6}{11}$

15 ① $\dfrac{12}{13} \div \dfrac{2}{13}$ 　② $\dfrac{12}{13} \div \dfrac{4}{13}$

16 ① $\dfrac{8}{15} \div \dfrac{2}{15}$ 　② $\dfrac{8}{15} \div \dfrac{4}{15}$

17 ① $\dfrac{18}{19} \div \dfrac{6}{19}$ 　② $\dfrac{18}{19} \div \dfrac{9}{19}$

18 ① $\dfrac{16}{21} \div \dfrac{4}{21}$ 　② $\dfrac{16}{21} \div \dfrac{8}{21}$

19 ① $\dfrac{24}{29} \div \dfrac{3}{29}$ 　② $\dfrac{24}{29} \div \dfrac{4}{29}$

20 ① $\dfrac{18}{35} \div \dfrac{2}{35}$ 　② $\dfrac{18}{35} \div \dfrac{6}{35}$

✦ 계산을 하세요.

21 ① $\dfrac{7}{10} \div \dfrac{1}{10}$ 　② $\dfrac{9}{10} \div \dfrac{1}{10}$

22 ① $\dfrac{3}{14} \div \dfrac{3}{14}$ 　② $\dfrac{9}{14} \div \dfrac{3}{14}$

23 ① $\dfrac{5}{16} \div \dfrac{5}{16}$ 　② $\dfrac{15}{16} \div \dfrac{5}{16}$

24 ① $\dfrac{15}{22} \div \dfrac{3}{22}$ 　② $\dfrac{21}{22} \div \dfrac{3}{22}$

25 ① $\dfrac{15}{26} \div \dfrac{5}{26}$ 　② $\dfrac{25}{26} \div \dfrac{5}{26}$

26 ① $\dfrac{9}{32} \div \dfrac{3}{32}$ 　② $\dfrac{27}{32} \div \dfrac{3}{32}$

27 ① $\dfrac{21}{38} \div \dfrac{7}{38}$ 　② $\dfrac{35}{38} \div \dfrac{7}{38}$

28 ① $\dfrac{15}{46} \div \dfrac{5}{46}$ 　② $\dfrac{45}{46} \div \dfrac{5}{46}$

29 ① $\dfrac{35}{52} \div \dfrac{7}{52}$ 　② $\dfrac{49}{52} \div \dfrac{7}{52}$

❖ 빈칸에 알맞은 수를 써넣으세요.

30

$\dfrac{8}{17}$

$\div \dfrac{4}{17}$

$\dfrac{16}{17}$

31

$\dfrac{10}{27}$

$\div \dfrac{2}{27}$

$\dfrac{22}{27}$

❖ 빈칸에 큰 수를 작은 수로 나눈 몫을 써넣으세요.

32

$\dfrac{15}{16}$ $\dfrac{3}{16}$

33

$\dfrac{7}{29}$ $\dfrac{14}{29}$

34

$\dfrac{33}{37}$ $\dfrac{11}{37}$

❖ 몫의 크기를 비교하여 ◯ 안에 >, =, <를 알맞게 써넣으세요.

35 $\dfrac{6}{13} \div \dfrac{2}{13}$ ◯ $\dfrac{9}{20} \div \dfrac{3}{20}$

36 $\dfrac{14}{19} \div \dfrac{7}{19}$ ◯ $\dfrac{15}{17} \div \dfrac{5}{17}$

37 $\dfrac{21}{26} \div \dfrac{7}{26}$ ◯ $\dfrac{20}{23} \div \dfrac{10}{23}$

38 $\dfrac{26}{29} \div \dfrac{2}{29}$ ◯ $\dfrac{18}{25} \div \dfrac{2}{25}$

39 $\dfrac{28}{31} \div \dfrac{4}{31}$ ◯ $\dfrac{20}{21} \div \dfrac{2}{21}$

문장제 + 연산

40 길이가 $\boxed{\dfrac{24}{25}}$ m인 통나무를 $\boxed{\dfrac{4}{25}}$ m씩 자르려고 합니다. 자른 통나무는 몇 도막이 될까요?

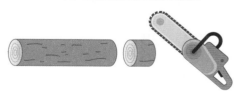

전체 통나무의 길이 ↓   한 도막의 길이 ↓

$\boxed{} \div \boxed{} = \boxed{}$

🔑 자른 통나무는 $\boxed{}$ 도막이 됩니다.

1 단원
정답 01쪽

✦ 계산 결과가 큰 것부터 차례대로 ☐ 안에 글자를 써넣었을 때 만들어지는 사자성어를 알아보세요.

41
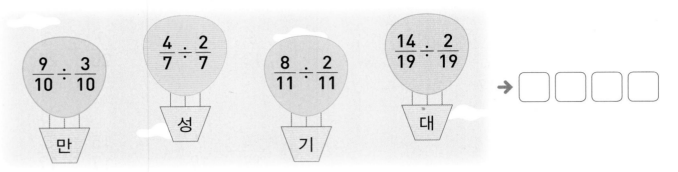

$$\frac{9}{10} \div \frac{3}{10} \quad 만$$
$$\frac{4}{7} \div \frac{2}{7} \quad 성$$
$$\frac{8}{11} \div \frac{2}{11} \quad 기$$
$$\frac{14}{19} \div \frac{2}{19} \quad 대$$

→ ☐☐☐☐

42
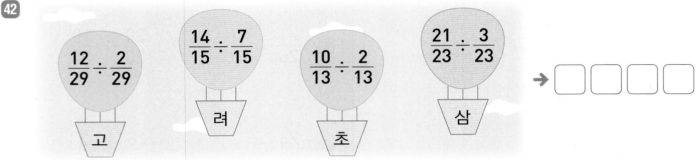

$$\frac{12}{29} \div \frac{2}{29} \quad 고$$
$$\frac{14}{15} \div \frac{7}{15} \quad 려$$
$$\frac{10}{13} \div \frac{2}{13} \quad 초$$
$$\frac{21}{23} \div \frac{3}{23} \quad 삼$$

→ ☐☐☐☐

43
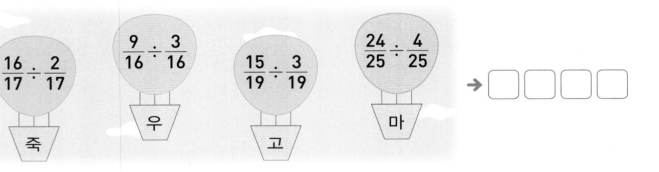

$$\frac{16}{17} \div \frac{2}{17} \quad 죽$$
$$\frac{9}{16} \div \frac{3}{16} \quad 우$$
$$\frac{15}{19} \div \frac{3}{19} \quad 고$$
$$\frac{24}{25} \div \frac{4}{25} \quad 마$$

→ ☐☐☐☐

44
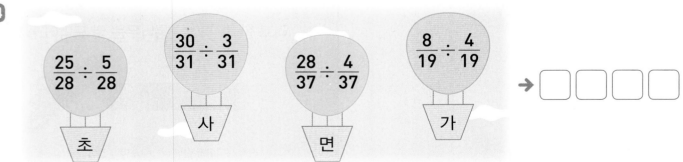

$$\frac{25}{28} \div \frac{5}{28} \quad 초$$
$$\frac{30}{31} \div \frac{3}{31} \quad 사$$
$$\frac{28}{37} \div \frac{4}{37} \quad 면$$
$$\frac{8}{19} \div \frac{4}{19} \quad 가$$

→ ☐☐☐☐

실수한 것이 없는지 검토했나요?

예 ☐ , 아니요 ☐

02회 개념 (진분수)÷(진분수)(2) - 분자끼리 나누어떨어지지 않고, 분모가 같은 경우

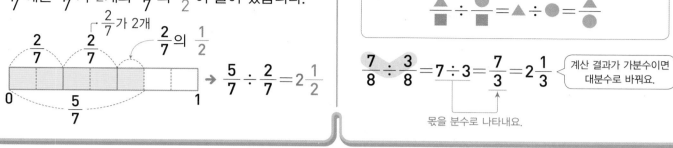

$\dfrac{5}{7}$에는 $\dfrac{2}{7}$가 2개와 $\dfrac{2}{7}$의 $\dfrac{1}{2}$이 들어 있습니다.

$\dfrac{2}{7}$가 2개 / $\dfrac{2}{7}$의 $\dfrac{1}{2}$

$\dfrac{2}{7}$ $\dfrac{2}{7}$

0 $\dfrac{5}{7}$ 1

→ $\dfrac{5}{7} \div \dfrac{2}{7} = 2\dfrac{1}{2}$

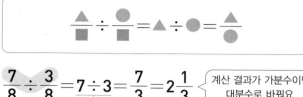

$\dfrac{\blacktriangle}{\blacksquare} \div \dfrac{\bullet}{\blacksquare} = \blacktriangle \div \bullet = \dfrac{\blacktriangle}{\bullet}$

$\dfrac{7}{8} \div \dfrac{3}{8} = 7 \div 3 = \dfrac{7}{3} = 2\dfrac{1}{3}$ ◁ 계산 결과가 가분수이면 대분수로 바꿔요.

몫을 분수로 나타내요.

✚ 그림을 보고 ☐ 안에 알맞은 수를 써넣으세요.

1

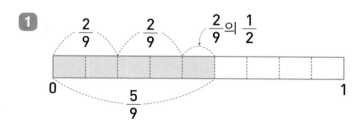

$\dfrac{2}{9}$ $\dfrac{2}{9}$ $\dfrac{2}{9}$의 $\dfrac{1}{2}$

0 $\dfrac{5}{9}$ 1

$\dfrac{5}{9} \div \dfrac{2}{9} = \boxed{}\dfrac{\boxed{}}{\boxed{}}$

2

$\dfrac{3}{10}$ $\dfrac{3}{10}$ $\dfrac{3}{10}$의 $\dfrac{1}{3}$

0 $\dfrac{7}{10}$ 1

$\dfrac{7}{10} \div \dfrac{3}{10} = \boxed{}\dfrac{\boxed{}}{\boxed{}}$

3

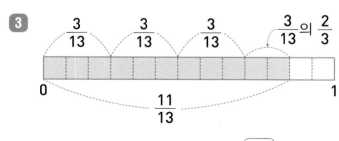

$\dfrac{3}{13}$ $\dfrac{3}{13}$ $\dfrac{3}{13}$ $\dfrac{3}{13}$의 $\dfrac{2}{3}$

0 $\dfrac{11}{13}$ 1

$\dfrac{11}{13} \div \dfrac{3}{13} = \boxed{}\dfrac{\boxed{}}{\boxed{}}$

✚ ☐ 안에 알맞은 수를 써넣으세요.

4 $\dfrac{3}{5} \div \dfrac{2}{5} = \boxed{} \div \boxed{}$

$= \dfrac{\boxed{}}{\boxed{}} = \boxed{}\dfrac{\boxed{}}{\boxed{}}$

5 $\dfrac{5}{8} \div \dfrac{3}{8} = \boxed{} \div \boxed{}$

$= \dfrac{\boxed{}}{\boxed{}} = \boxed{}\dfrac{\boxed{}}{\boxed{}}$

6 $\dfrac{9}{11} \div \dfrac{4}{11} = \boxed{} \div \boxed{}$

$= \dfrac{\boxed{}}{\boxed{}} = \boxed{}\dfrac{\boxed{}}{\boxed{}}$

7 $\dfrac{10}{13} \div \dfrac{3}{13} = \boxed{} \div \boxed{}$

$= \dfrac{\boxed{}}{\boxed{}} = \boxed{}\dfrac{\boxed{}}{\boxed{}}$

8 $\dfrac{13}{16} \div \dfrac{5}{16} = \boxed{} \div \boxed{}$

$= \dfrac{\boxed{}}{\boxed{}} = \boxed{}\dfrac{\boxed{}}{\boxed{}}$

1단원

정답 01쪽

✦ 계산을 하여 기약분수로 나타내세요.

9 ① $\dfrac{2}{7} \div \dfrac{3}{7}$

　② $\dfrac{2}{7} \div \dfrac{5}{7}$

10 ① $\dfrac{1}{10} \div \dfrac{7}{10}$

　② $\dfrac{1}{10} \div \dfrac{9}{10}$

실수 방지 분자끼리 나누어 몫을 분수로 나타냈을 때 약분이 되면 약분을 해야 돼요.

11 ① $\dfrac{3}{11} \div \dfrac{6}{11}$

　② $\dfrac{3}{11} \div \dfrac{9}{11}$

12 ① $\dfrac{4}{13} \div \dfrac{6}{13}$

　② $\dfrac{4}{13} \div \dfrac{10}{13}$

13 ① $\dfrac{5}{14} \div \dfrac{9}{14}$

　② $\dfrac{5}{14} \div \dfrac{13}{14}$

14 ① $\dfrac{7}{16} \div \dfrac{11}{16}$

　② $\dfrac{7}{16} \div \dfrac{15}{16}$

✦ 계산을 하여 기약분수로 나타내세요.

15 ① $\dfrac{5}{8} \div \dfrac{3}{8}$

　② $\dfrac{7}{8} \div \dfrac{3}{8}$

16 ① $\dfrac{5}{9} \div \dfrac{2}{9}$

　② $\dfrac{7}{9} \div \dfrac{2}{9}$

17 ① $\dfrac{7}{11} \div \dfrac{4}{11}$

　② $\dfrac{10}{11} \div \dfrac{4}{11}$

18 ① $\dfrac{9}{14} \div \dfrac{5}{14}$

　② $\dfrac{13}{14} \div \dfrac{5}{14}$

19 ① $\dfrac{7}{15} \div \dfrac{4}{15}$

　② $\dfrac{13}{15} \div \dfrac{4}{15}$

20 ① $\dfrac{11}{18} \div \dfrac{7}{18}$

　② $\dfrac{17}{18} \div \dfrac{7}{18}$

✦ ☐ 안에 알맞은 기약분수를 써넣으세요.

21
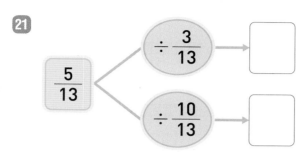

22
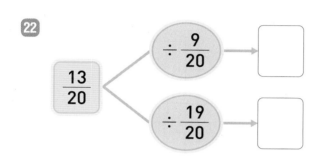

✦ 빈칸에 알맞은 기약분수를 써넣으세요.

23
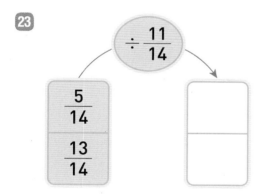

24
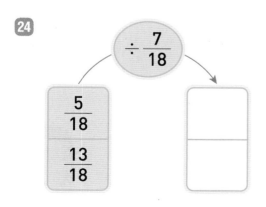

✦ 몫이 더 큰 나눗셈 쪽에 색칠하세요.

25
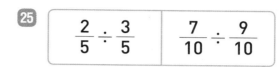

| $\dfrac{2}{5} \div \dfrac{3}{5}$ | $\dfrac{7}{10} \div \dfrac{9}{10}$ |

26

| $\dfrac{11}{12} \div \dfrac{5}{12}$ | $\dfrac{13}{16} \div \dfrac{5}{16}$ |

27

| $\dfrac{9}{13} \div \dfrac{4}{13}$ | $\dfrac{15}{17} \div \dfrac{8}{17}$ |

28

| $\dfrac{5}{21} \div \dfrac{8}{21}$ | $\dfrac{6}{19} \div \dfrac{12}{19}$ |

문장제 + 연산

29 수진이는 피자 한 판의 $\dfrac{5}{16}$ 를 먹었고, 현성이는 피자 한 판의 $\dfrac{3}{16}$ 을 먹었습니다. 수진이가 먹은 피자의 양은 현성이가 먹은 피자의 양의 몇 배일까요?

→ 수진
→ 현성

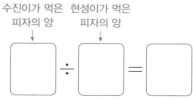

수진이가 먹은   현성이가 먹은
피자의 양   피자의 양

☐ ÷ ☐ = ☐

답 수진이가 먹은 피자의 양은 현성이가 먹은

피자의 양의 ☐ 배입니다.

✦ 계산을 하여 ☐ 안에 알맞은 기약분수를 써넣고, 아래에서 계산 결과가 적혀 있는 칸을 모두 색칠했을 때 나타나는 숫자를 알아보세요.

30 $\dfrac{1}{6} \div \dfrac{5}{6} = \boxed{}$

31 $\dfrac{7}{19} \div \dfrac{3}{19} = \boxed{}$

32 $\dfrac{2}{13} \div \dfrac{5}{13} = \boxed{}$

33 $\dfrac{11}{15} \div \dfrac{4}{15} = \boxed{}$

34 $\dfrac{4}{5} \div \dfrac{3}{5} = \boxed{}$

35 $\dfrac{5}{9} \div \dfrac{8}{9} = \boxed{}$

36 $\dfrac{9}{11} \div \dfrac{4}{11} = \boxed{}$

37 $\dfrac{5}{12} \div \dfrac{7}{12} = \boxed{}$

⬢ 나타나는 숫자는 무엇일까요?

$\dfrac{4}{5}$	$2\dfrac{1}{3}$	$1\dfrac{1}{3}$	$1\dfrac{1}{4}$
$1\dfrac{1}{5}$	$\dfrac{2}{3}$	$\dfrac{5}{7}$	$\dfrac{6}{7}$
$3\dfrac{1}{4}$	$\dfrac{1}{5}$	$\dfrac{2}{5}$	$\dfrac{5}{9}$
$\dfrac{7}{10}$	$\dfrac{5}{8}$	$\dfrac{3}{8}$	$2\dfrac{1}{2}$
$\dfrac{3}{4}$	$2\dfrac{1}{4}$	$2\dfrac{3}{4}$	$\dfrac{11}{12}$

나타나는 숫자는 ☐입니다.

실수한 것이 없는지 검토했나요?
예 ☐ , 아니요 ☐

03회 개념 (진분수)÷(진분수)(3) - 분모가 다른 경우

$\frac{3}{4}\left(=\frac{6}{8}\right)$에는 $\frac{3}{8}$이 2개 들어 있습니다.

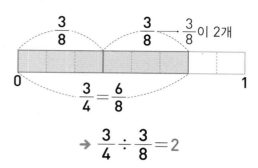

$\frac{3}{4}=\frac{6}{8}$

→ $\frac{3}{4} \div \frac{3}{8} = 2$

분모가 다른 경우 두 분수를 통분한 후 분자끼리 나누어 계산합니다.

$$\frac{4}{7} = \frac{4 \times 2}{7 \times 2} = \frac{8}{14}, \quad \frac{1}{2} = \frac{1 \times 7}{2 \times 7} = \frac{7}{14}$$

7과 2의 최소공배수는 14예요.

$$\to \frac{4}{7} \div \frac{1}{2} = \frac{8}{14} \div \frac{7}{14} = 8 \div 7 = \frac{8}{7} = 1\frac{1}{7}$$

통분하기   분자끼리 나누기

❖ 그림을 보고 ⬜ 안에 알맞은 수를 써넣으세요.

1

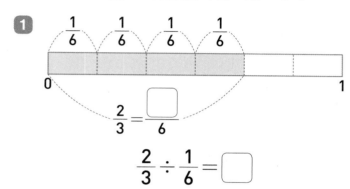

$\frac{2}{3} = \frac{\Box}{6}$

$\frac{2}{3} \div \frac{1}{6} = \Box$

2

$\frac{4}{5} = \frac{\Box}{15}$

$\frac{4}{5} \div \frac{4}{15} = \Box$

3

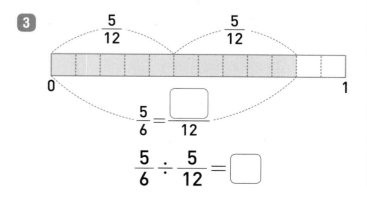

$\frac{5}{6} = \frac{\Box}{12}$

$\frac{5}{6} \div \frac{5}{12} = \Box$

❖ ⬜ 안에 알맞은 수를 써넣으세요.

4 $\frac{1}{4} \div \frac{1}{5} = \frac{\Box}{20} \div \frac{\Box}{20}$

$= \Box \div \Box = \Box\frac{\Box}{\Box}$

5 $\frac{3}{7} \div \frac{2}{3} = \frac{\Box}{21} \div \frac{\Box}{21}$

$= \Box \div \Box = \frac{\Box}{\Box}$

6 $\frac{7}{10} \div \frac{3}{8} = \frac{\Box}{40} \div \frac{\Box}{40}$

$= \Box \div \Box = \Box\frac{\Box}{\Box}$

7 $\frac{7}{12} \div \frac{8}{9} = \frac{\Box}{36} \div \frac{\Box}{36}$

$= \Box \div \Box = \frac{\Box}{\Box}$

1
단원

정답
02쪽

✤ 계산을 하여 기약분수로 나타내세요.

8 ① $\dfrac{1}{2} \div \dfrac{3}{4}$

② $\dfrac{1}{2} \div \dfrac{7}{10}$

실수 방지 통분을 하지 않고 분자끼리 나누면 안 돼요.

9 ① $\dfrac{3}{4} \div \dfrac{4}{5}$

② $\dfrac{3}{4} \div \dfrac{7}{8}$

10 ① $\dfrac{1}{6} \div \dfrac{1}{4}$

② $\dfrac{1}{6} \div \dfrac{5}{9}$

11 ① $\dfrac{2}{7} \div \dfrac{3}{8}$

② $\dfrac{2}{7} \div \dfrac{5}{14}$

12 ① $\dfrac{5}{9} \div \dfrac{5}{6}$

② $\dfrac{5}{9} \div \dfrac{7}{12}$

13 ① $\dfrac{4}{11} \div \dfrac{1}{2}$

② $\dfrac{4}{11} \div \dfrac{4}{5}$

✤ 계산을 하여 기약분수로 나타내세요.

14 ① $\dfrac{1}{2} \div \dfrac{1}{3}$

② $\dfrac{3}{4} \div \dfrac{1}{3}$

15 ① $\dfrac{3}{5} \div \dfrac{1}{4}$

② $\dfrac{5}{12} \div \dfrac{1}{4}$

16 ① $\dfrac{4}{5} \div \dfrac{4}{7}$

② $\dfrac{8}{9} \div \dfrac{4}{7}$

17 ① $\dfrac{3}{4} \div \dfrac{3}{10}$

② $\dfrac{5}{8} \div \dfrac{3}{10}$

18 ① $\dfrac{2}{3} \div \dfrac{5}{12}$

② $\dfrac{5}{9} \div \dfrac{5}{12}$

19 ① $\dfrac{2}{7} \div \dfrac{3}{14}$

② $\dfrac{11}{28} \div \dfrac{3}{14}$

✛ 빈칸에 알맞은 기약분수를 써넣으세요.

20

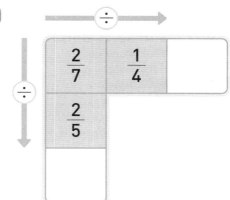

21

✛ 오른쪽 수를 왼쪽 수로 나누어 ☐ 안에 알맞은 기약분수를 써넣으세요.

22

$\dfrac{4}{5}$ $\dfrac{3}{10}$

23

$\dfrac{6}{7}$ $\dfrac{4}{11}$

24

$\dfrac{5}{8}$ $\dfrac{7}{16}$

✛ 몫이 더 작은 나눗셈 쪽에 색칠하세요.

25

$\dfrac{4}{5} \div \dfrac{2}{25}$ | $\dfrac{8}{9} \div \dfrac{2}{27}$

26

$\dfrac{5}{6} \div \dfrac{7}{9}$ | $\dfrac{6}{11} \div \dfrac{4}{7}$

27

$\dfrac{6}{7} \div \dfrac{2}{3}$ | $\dfrac{5}{9} \div \dfrac{3}{5}$

28

$\dfrac{7}{10} \div \dfrac{3}{4}$ | $\dfrac{5}{8} \div \dfrac{9}{16}$

문장제 + 연산

29 민준이가 키우는 달팽이는 $\boxed{\dfrac{7}{12}}$ cm 를 기어

가는 데 $\boxed{\dfrac{1}{9}}$ 분이 걸립니다. 같은 빠르기로 이

달팽이가 1분 동안 기어갈 수 있는 거리는

몇 cm일까요?

기어간 거리   걸린 시간

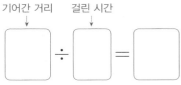

☐ ÷ ☐ = ☐

🅐 달팽이가 1분 동안 기어갈 수 있는 거리는

☐ cm입니다.

1 단원

정답 02쪽

✦ 사각형 모양의 화단이 있습니다. ☐ 안에 알맞은 기약분수를 구하세요.

30

넓이가 $\frac{2}{5}$ m²인 직사각형

직사각형의 가로는 넓이를 세로로 나누어 구할 수 있어요.

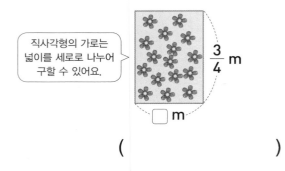

$\frac{3}{4}$ m

☐ m

( )

31

넓이가 $\frac{5}{8}$ m²인 직사각형

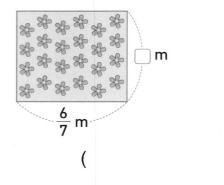

☐ m

$\frac{6}{7}$ m

( )

32

넓이가 $\frac{9}{10}$ m²인 직사각형

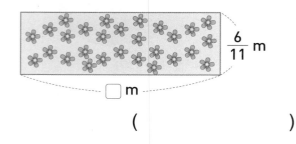

$\frac{6}{11}$ m

☐ m

( )

33

넓이가 $\frac{3}{4}$ m²인 평행사변형

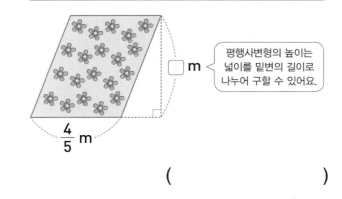

☐ m

평행사변형의 높이는 넓이를 밑변의 길이로 나누어 구할 수 있어요.

$\frac{4}{5}$ m

( )

34

넓이가 $\frac{4}{7}$ m²인 평행사변형

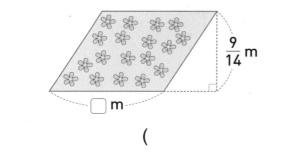

$\frac{9}{14}$ m

☐ m

( )

35

넓이가 $\frac{7}{13}$ m²인 평행사변형

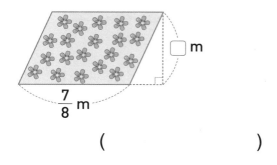

☐ m

$\frac{7}{8}$ m

( )

실수한 것이 없는지 검토했나요?

예 ☐ , 아니요 ☐

04회 개념 (자연수)÷(진분수)

나눗셈을 곱셈으로 바꾸고, 나누는 분수의 분모와 분자를 바꾸어 계산합니다.

$$4 \div \frac{2}{3} = (4 \div 2) \times 3 = 4 \times \frac{1}{2} \times 3 = 4 \times \frac{3}{2}$$

$$\rightarrow 4 \div \frac{2}{3} = \overset{2}{4} \times \frac{3}{\underset{1}{2}} = 6$$

> 나눗셈을 곱셈으로 바꾼 후 분수의 분모와 분자를 바꿔요.

자연수를 나누는 분수와 분모가 같은 분수로 나타내어 계산합니다.

분모가 3인 분수로 나타내요.

$$4 \div \frac{2}{3} = \frac{12}{3} \div \frac{2}{3}$$
$$= 12 \div 2 = 6$$

✦ ⬜ 안에 알맞은 수를 써넣으세요.

1 $6 \div \frac{2}{7} = (\boxed{} \div \boxed{}) \times \boxed{} = \boxed{}$

2 $9 \div \frac{3}{5} = (\boxed{} \div \boxed{}) \times \boxed{} = \boxed{}$

3 $5 \div \frac{5}{12} = 5 \times \dfrac{\boxed{}}{\boxed{}} = \boxed{}$

4 $8 \div \frac{4}{9} = 8 \times \dfrac{\boxed{}}{\boxed{}} = \boxed{}$

5 $2 \div \frac{3}{5} = 2 \times \dfrac{\boxed{}}{\boxed{}} = \dfrac{\boxed{}}{\boxed{}} = \boxed{}\dfrac{\boxed{}}{\boxed{}}$

6 $7 \div \frac{5}{6} = 7 \times \dfrac{\boxed{}}{\boxed{}} = \dfrac{\boxed{}}{\boxed{}} = \boxed{}\dfrac{\boxed{}}{\boxed{}}$

✦ ⬜ 안에 알맞은 수를 써넣으세요.

7 $5 \div \frac{5}{6} = \dfrac{\boxed{}}{6} \div \dfrac{5}{6}$
$$= \boxed{} \div \boxed{} = \boxed{}$$

8 $8 \div \frac{4}{7} = \dfrac{\boxed{}}{7} \div \dfrac{4}{7}$
$$= \boxed{} \div \boxed{} = \boxed{}$$

9 $10 \div \frac{3}{4} = \dfrac{\boxed{}}{4} \div \dfrac{3}{4}$
$$= \boxed{} \div \boxed{} = \boxed{}\dfrac{\boxed{}}{\boxed{}}$$

10 $11 \div \frac{2}{3} = \dfrac{\boxed{}}{3} \div \dfrac{2}{3}$
$$= \boxed{} \div \boxed{} = \boxed{}\dfrac{\boxed{}}{\boxed{}}$$

◈ 계산을 하세요.

11 ① $6 \div \dfrac{1}{4}$

② $6 \div \dfrac{3}{5}$

실수 방지 나눗셈을 곱셈으로 바꿀 때는 나누는 분수의 분모와 분자를 꼭 바꿔요.

12 ① $8 \div \dfrac{1}{2}$

② $8 \div \dfrac{4}{9}$

13 ① $9 \div \dfrac{3}{7}$

② $9 \div \dfrac{9}{13}$

14 ① $12 \div \dfrac{2}{3}$

② $12 \div \dfrac{3}{4}$

15 ① $15 \div \dfrac{3}{5}$

② $15 \div \dfrac{5}{12}$

16 ① $24 \div \dfrac{6}{7}$

② $24 \div \dfrac{12}{17}$

◈ 계산을 하여 기약분수로 나타내세요.

17 ① $6 \div \dfrac{4}{5}$

② $10 \div \dfrac{4}{5}$

18 ① $7 \div \dfrac{5}{6}$

② $9 \div \dfrac{5}{6}$

19 ① $5 \div \dfrac{2}{7}$

② $11 \div \dfrac{2}{7}$

20 ① $4 \div \dfrac{3}{8}$

② $10 \div \dfrac{3}{8}$

21 ① $6 \div \dfrac{4}{9}$

② $14 \div \dfrac{4}{9}$

22 ① $12 \div \dfrac{9}{10}$

② $24 \div \dfrac{9}{10}$

◆ 계산 결과를 찾아 선으로 이으세요.

23

$8 \div \dfrac{6}{11}$ •

• 32

$28 \div \dfrac{7}{8}$ •

• $14\dfrac{2}{3}$

$14 \div \dfrac{6}{7}$ •

• $16\dfrac{1}{3}$

24

$16 \div \dfrac{8}{9}$ •

• 18

$20 \div \dfrac{3}{5}$ •

• $17\dfrac{1}{2}$

$15 \div \dfrac{6}{7}$ •

• $33\dfrac{1}{3}$

◆ 빈칸에 알맞은 수를 써넣으세요.

25

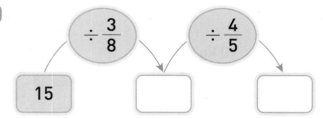

$\div \dfrac{3}{8}$ → $\div \dfrac{4}{5}$

15 → ▢ → ▢

26

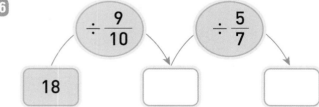

$\div \dfrac{9}{10}$ → $\div \dfrac{5}{7}$

18 → ▢ → ▢

27

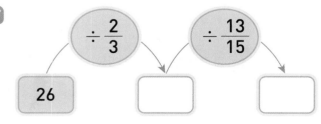

$\div \dfrac{2}{3}$ → $\div \dfrac{13}{15}$

26 → ▢ → ▢

◆ 몫이 다른 나눗셈을 찾아 ▢ 안에 기호를 써넣으세요.

28

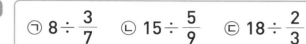

㉠ $9 \div \dfrac{3}{10}$ ㉡ $35 \div \dfrac{7}{9}$ ㉢ $24 \div \dfrac{4}{5}$

▢

29

㉠ $8 \div \dfrac{3}{7}$ ㉡ $15 \div \dfrac{5}{9}$ ㉢ $18 \div \dfrac{2}{3}$

▢

30

㉠ $33 \div \dfrac{11}{12}$ ㉡ $27 \div \dfrac{3}{4}$ ㉢ $9 \div \dfrac{2}{9}$

▢

문장제 + 연산

31 준서네 집에 쌀이 ⎡10 kg⎤ 있습니다. 하루에 쌀을 $\dfrac{2}{7}$ kg씩 먹는다면 이 쌀을 모두 먹는 데 며칠이 걸릴까요?

전체 쌀의 양   하루에 먹는 쌀의 양
↓   ↓

▢ ÷ ▢ = ▢

답 쌀을 모두 먹는 데 ▢ 일이 걸립니다.

✚ 보기 와 같이 저울이 어느 한쪽으로 기울어지지 않으려면 주어진 구슬을 몇 개 올려놓아야 하는지 구하세요.

보기

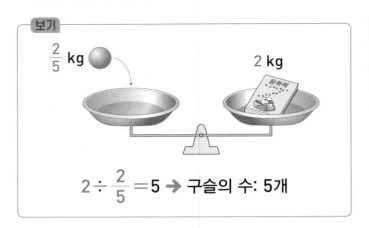

$$2 \div \frac{2}{5} = 5 \rightarrow 구슬의 수: 5개$$

34

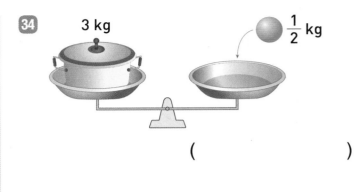

(   )

32

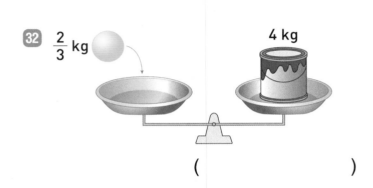

(   )

35

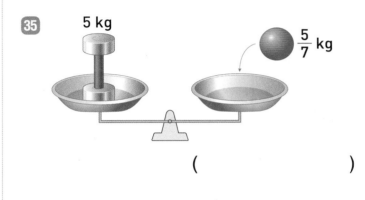

(   )

33

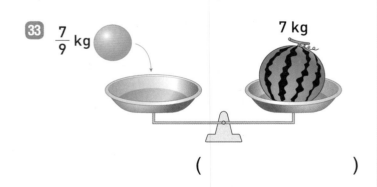

(   )

36

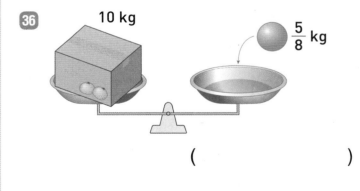

(   )

실수한 것이 없는지 검토했나요?

예 ☐ , 아니요 ☐

05회 개념 (가분수)÷(진분수)

두 분수를 통분하여 계산합니다.

통분해요.

$$\frac{5}{3} \div \frac{2}{7} = \frac{35}{21} \div \frac{6}{21}$$

$$= 35 \div 6 = \frac{35}{6} = 5\frac{5}{6}$$

분자끼리 나눠요.

분수의 곱셈으로 바꾼 후 계산합니다.

분수의 곱셈으로 바꿔요.

$$\frac{5}{3} \div \frac{2}{7} = \frac{5}{3} \times \frac{7}{2}$$

$$= \frac{35}{6} = 5\frac{5}{6}$$

◆ ☐ 안에 알맞은 수를 써넣으세요.

1 $\dfrac{7}{2} \div \dfrac{4}{7} = \dfrac{\boxed{}}{14} \div \dfrac{\boxed{}}{14}$

$= \boxed{} \div \boxed{} = \boxed{}\dfrac{\boxed{}}{\boxed{}}$

2 $\dfrac{4}{3} \div \dfrac{3}{5} = \dfrac{\boxed{}}{15} \div \dfrac{\boxed{}}{15}$

$= \boxed{} \div \boxed{} = \boxed{}\dfrac{\boxed{}}{\boxed{}}$

3 $\dfrac{9}{5} \div \dfrac{5}{8} = \dfrac{\boxed{}}{40} \div \dfrac{\boxed{}}{40}$

$= \boxed{} \div \boxed{} = \boxed{}\dfrac{\boxed{}}{\boxed{}}$

4 $\dfrac{11}{9} \div \dfrac{5}{6} = \dfrac{\boxed{}}{18} \div \dfrac{\boxed{}}{18}$

$= \boxed{} \div \boxed{} = \boxed{}\dfrac{\boxed{}}{\boxed{}}$

◆ ☐ 안에 알맞은 수를 써넣으세요.

5 $\dfrac{9}{4} \div \dfrac{4}{7} = \dfrac{9}{4} \times \dfrac{\boxed{}}{\boxed{}}$

$= \dfrac{\boxed{}}{\boxed{}} = \boxed{}\dfrac{\boxed{}}{\boxed{}}$

6 $\dfrac{14}{5} \div \dfrac{3}{4} = \dfrac{14}{5} \times \dfrac{\boxed{}}{\boxed{}}$

$= \dfrac{\boxed{}}{\boxed{}} = \boxed{}\dfrac{\boxed{}}{\boxed{}}$

7 $\dfrac{11}{6} \div \dfrac{2}{3} = \dfrac{11}{6} \times \dfrac{\boxed{}}{\boxed{}}$

$= \dfrac{\boxed{}}{4} = \boxed{}\dfrac{\boxed{}}{\boxed{}}$

8 $\dfrac{9}{8} \div \dfrac{6}{11} = \dfrac{9}{8} \times \dfrac{\boxed{}}{\boxed{}}$

$= \dfrac{\boxed{}}{16} = \boxed{}\dfrac{\boxed{}}{\boxed{}}$

1
단원

정답
03쪽

✦ 계산을 하여 기약분수로 나타내세요.

9 ① $\dfrac{4}{3} \div \dfrac{3}{5}$

② $\dfrac{4}{3} \div \dfrac{5}{8}$

실수 방지 계산 과정에서 약분할 것이 있으면 약분하여 기약분수로 나타내요.

10 ① $\dfrac{6}{5} \div \dfrac{4}{7}$

② $\dfrac{6}{5} \div \dfrac{7}{10}$

11 ① $\dfrac{12}{7} \div \dfrac{4}{5}$

② $\dfrac{12}{7} \div \dfrac{9}{14}$

12 ① $\dfrac{20}{9} \div \dfrac{4}{7}$

② $\dfrac{20}{9} \div \dfrac{8}{15}$

13 ① $\dfrac{14}{13} \div \dfrac{7}{8}$

② $\dfrac{14}{13} \div \dfrac{6}{11}$

14 ① $\dfrac{25}{19} \div \dfrac{5}{6}$

② $\dfrac{25}{19} \div \dfrac{10}{11}$

✦ 계산을 하여 기약분수로 나타내세요.

15 ① $\dfrac{5}{4} \div \dfrac{1}{2}$

② $\dfrac{11}{6} \div \dfrac{1}{2}$

16 ① $\dfrac{9}{5} \div \dfrac{3}{4}$

② $\dfrac{11}{8} \div \dfrac{3}{4}$

17 ① $\dfrac{10}{7} \div \dfrac{5}{8}$

② $\dfrac{19}{16} \div \dfrac{5}{8}$

18 ① $\dfrac{12}{5} \div \dfrac{9}{10}$

② $\dfrac{18}{13} \div \dfrac{9}{10}$

19 ① $\dfrac{7}{3} \div \dfrac{5}{12}$

② $\dfrac{15}{7} \div \dfrac{5}{12}$

20 ① $\dfrac{18}{11} \div \dfrac{9}{16}$

② $\dfrac{27}{20} \div \dfrac{9}{16}$

◆ ☐ 안에 알맞은 기약분수를 써넣으세요.

21 ①
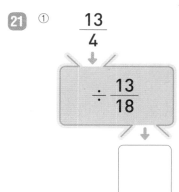
$$\frac{13}{4}$$
$$\div \frac{13}{18}$$

②
$$\frac{10}{7}$$
$$\div \frac{3}{14}$$

22 ①
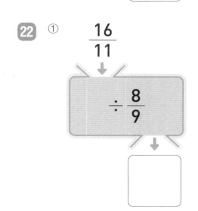
$$\frac{16}{11}$$
$$\div \frac{8}{9}$$

②
$$\frac{15}{14}$$
$$\div \frac{6}{7}$$

◆ 가분수를 진분수로 나누어 빈 곳에 알맞은 기약분수를 써넣으세요.

23
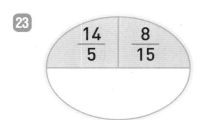
$$\frac{14}{5} \quad \frac{8}{15}$$

24
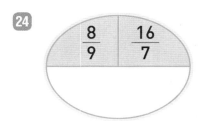
$$\frac{8}{9} \quad \frac{16}{7}$$

25
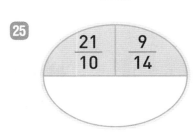
$$\frac{21}{10} \quad \frac{9}{14}$$

◆ 몫의 크기를 비교하여 ○ 안에 >, =, <를 알맞게 써넣으세요.

26 $\frac{9}{2} \div \frac{4}{7}$ ○ $\frac{35}{8} \div \frac{5}{9}$

27 $\frac{11}{5} \div \frac{2}{3}$ ○ $\frac{5}{3} \div \frac{4}{7}$

28 $\frac{10}{9} \div \frac{5}{7}$ ○ $\frac{9}{4} \div \frac{7}{8}$

29 $\frac{11}{10} \div \frac{3}{4}$ ○ $\frac{5}{4} \div \frac{3}{5}$

30 $\frac{16}{15} \div \frac{3}{10}$ ○ $\frac{9}{7} \div \frac{6}{13}$

문장제 + 연산

31 멜론의 무게는 $\boxed{\frac{9}{4}}$ kg 이고, 망고의 무게는 $\boxed{\frac{5}{12}}$ kg 입니다. 멜론의 무게는 망고의 무게의 몇 배일까요?

멜론   망고

멜론의 무게   망고의 무게
↓   ↓
☐ ÷ ☐ = ☐

답 멜론의 무게는 망고의 무게의 ☐ 배입니다.

◆ 계산 결과를 구하고, 계산 결과를 아래 표에서 찾아 해당하는 글자를 쓰면 어떤 속담이 완성되는지 알아보세요.

③②
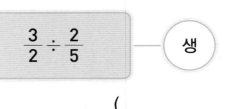
$\dfrac{3}{2} \div \dfrac{2}{5}$ — 생

( )

③③
$\dfrac{12}{7} \div \dfrac{3}{8}$ — 다

( )

③④
$\dfrac{11}{6} \div \dfrac{5}{9}$ — 끝

( )

③⑤
$\dfrac{13}{2} \div \dfrac{3}{4}$ — 이

( )

③⑥
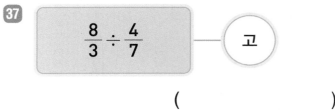
$\dfrac{7}{4} \div \dfrac{5}{6}$ — 낙

( )

③⑦
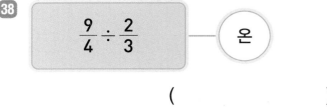
$\dfrac{8}{3} \div \dfrac{4}{7}$ — 고

( )

③⑧
$\dfrac{9}{4} \div \dfrac{2}{3}$ — 온

( )

③⑨
$\dfrac{24}{5} \div \dfrac{9}{10}$ — 에

( )

🔶 어떤 속담이 완성될까요?

$4\frac{2}{3}$	$3\frac{3}{4}$		$3\frac{3}{10}$	$5\frac{1}{3}$		$2\frac{1}{10}$	$8\frac{2}{3}$		$3\frac{3}{8}$	$4\frac{4}{7}$

실수한 것이 없는지 검토했나요?
예 ☐ , 아니요 ☐

06회 개념 (대분수)÷(진분수)

대분수를 가분수로 바꾼 후 두 분수를 통분하여 계산합니다.

통분해요.

$$1\frac{1}{3} \div \frac{3}{4} = \boxed{\frac{4}{3}} \div \frac{3}{4} = \boxed{\frac{16}{12}} \div \boxed{\frac{9}{12}}$$

$$= 16 \div 9 = \frac{16}{9} = 1\frac{7}{9}$$

분자끼리 나눠요.

대분수를 가분수로 바꾼 후 분수의 곱셈으로 바꾸어 계산합니다.

분수의 곱셈으로 바꿔요.

$$1\frac{1}{3} \div \frac{3}{4} = \boxed{\frac{4}{3}} \boxed{\div \frac{3}{4}} = \frac{4}{3} \boxed{\times \frac{4}{3}}$$

$$= \frac{16}{9} = 1\frac{7}{9}$$

◆ ◻ 안에 알맞은 수를 써넣으세요.

1 $1\frac{3}{4} \div \frac{3}{5}$

$$= \frac{\boxed{}}{4} \div \frac{3}{5} = \frac{\boxed{}}{20} \div \frac{\boxed{}}{20}$$

$$= \frac{\boxed{}}{\boxed{}} = \boxed{}\frac{\boxed{}}{\boxed{}}$$

2 $2\frac{1}{6} \div \frac{4}{9}$

$$= \frac{\boxed{}}{6} \div \frac{4}{9} = \frac{\boxed{}}{18} \div \frac{\boxed{}}{18}$$

$$= \frac{\boxed{}}{\boxed{}} = \boxed{}\frac{\boxed{}}{\boxed{}}$$

3 $3\frac{1}{3} \div \frac{3}{8}$

$$= \frac{\boxed{}}{3} \div \frac{\boxed{}}{\boxed{}} = \frac{\boxed{}}{24} \div \frac{\boxed{}}{24}$$

$$= \frac{\boxed{}}{\boxed{}} = \boxed{}\frac{\boxed{}}{\boxed{}}$$

◆ ◻ 안에 알맞은 수를 써넣으세요.

4 $2\frac{2}{3} \div \frac{5}{8}$

$$= \frac{\boxed{}}{3} \div \frac{5}{8} = \frac{\boxed{}}{3} \times \frac{\boxed{}}{\boxed{}}$$

$$= \frac{\boxed{}}{\boxed{}} = \boxed{}\frac{\boxed{}}{\boxed{}}$$

5 $3\frac{5}{6} \div \frac{3}{4}$

$$= \frac{\boxed{}}{6} \div \frac{3}{4} = \frac{\boxed{}}{6} \times \frac{\boxed{}}{\boxed{}}$$

$$= \frac{\boxed{}}{9} = \boxed{}\frac{\boxed{}}{\boxed{}}$$

6 $5\frac{1}{7} \div \frac{6}{11}$

$$= \frac{\boxed{}}{7} \div \frac{\boxed{}}{\boxed{}} = \frac{\boxed{}}{7} \times \frac{\boxed{}}{\boxed{}}$$

$$= \frac{\boxed{}}{7} = \boxed{}\frac{\boxed{}}{\boxed{}}$$

1
단원

정답
04쪽

✦ 계산을 하여 기약분수로 나타내세요.

7 ① $1\dfrac{1}{2} \div \dfrac{2}{5}$

　② $1\dfrac{1}{2} \div \dfrac{4}{7}$

실수 방지　대분수를 가분수로 바꾸지 않고 계산하면 안 돼요.

8 ① $3\dfrac{3}{5} \div \dfrac{3}{4}$

　② $3\dfrac{3}{5} \div \dfrac{7}{10}$

9 ① $5\dfrac{2}{3} \div \dfrac{5}{6}$

　② $5\dfrac{2}{3} \div \dfrac{8}{9}$

10 ① $7\dfrac{6}{7} \div \dfrac{5}{9}$

　② $7\dfrac{6}{7} \div \dfrac{9}{14}$

11 ① $9\dfrac{3}{8} \div \dfrac{5}{6}$

　② $9\dfrac{3}{8} \div \dfrac{10}{11}$

12 ① $11\dfrac{1}{5} \div \dfrac{3}{10}$

　② $11\dfrac{1}{5} \div \dfrac{11}{20}$

✦ 계산을 하여 기약분수로 나타내세요.

13 ① $2\dfrac{1}{6} \div \dfrac{3}{4}$

　② $4\dfrac{2}{3} \div \dfrac{3}{4}$

14 ① $2\dfrac{1}{2} \div \dfrac{4}{5}$

　② $10\dfrac{2}{7} \div \dfrac{4}{5}$

15 ① $4\dfrac{2}{5} \div \dfrac{2}{7}$

　② $6\dfrac{2}{9} \div \dfrac{2}{7}$

16 ① $2\dfrac{1}{7} \div \dfrac{3}{8}$

　② $6\dfrac{3}{10} \div \dfrac{3}{8}$

17 ① $4\dfrac{2}{5} \div \dfrac{7}{10}$

　② $8\dfrac{1}{6} \div \dfrac{7}{10}$

18 ① $4\dfrac{3}{8} \div \dfrac{5}{12}$

　② $10\dfrac{5}{9} \div \dfrac{5}{12}$

◆ 빈칸에 알맞은 기약분수를 써넣으세요.

19 → ÷ →

$1\dfrac{2}{3}$	$\dfrac{5}{7}$	
$4\dfrac{2}{7}$	$\dfrac{10}{11}$	

20 → ÷ →

$5\dfrac{5}{6}$	$\dfrac{5}{8}$	
$6\dfrac{9}{10}$	$\dfrac{5}{6}$	

◆ 빈 곳에 알맞은 기약분수를 써넣으세요.

21 $1\dfrac{1}{9}$ ÷ $\dfrac{5}{7}$ ☐ ÷ $\dfrac{1}{3}$ ☐

22 $3\dfrac{3}{8}$ ÷ $\dfrac{2}{3}$ ☐ ÷ $\dfrac{3}{4}$ ☐

23 $6\dfrac{1}{4}$ ÷ $\dfrac{5}{6}$ ☐ ÷ $\dfrac{6}{7}$ ☐

24 $8\dfrac{2}{5}$ ÷ $\dfrac{9}{10}$ ☐ ÷ $\dfrac{7}{8}$ ☐

◆ 가장 큰 수를 가장 작은 수로 나눈 몫을 기약분수로 나타내세요.

25

$2\dfrac{3}{4}$	$1\dfrac{2}{5}$	$\dfrac{5}{6}$

(   )

26

$3\dfrac{5}{8}$	$\dfrac{3}{7}$	$7\dfrac{1}{2}$

(   )

27

$\dfrac{7}{10}$	$6\dfrac{2}{3}$	$9\dfrac{3}{5}$

(   )

1단원

정답 04쪽

문장제 + 연산

28 일정한 빠르기로 달릴 때 휘발유 $\boxed{\dfrac{7}{9}}$ L로 $\boxed{4\dfrac{1}{3}}$ km를 달릴 수 있는 자동차가 있습니다. 이 자동차는 휘발유 1 L로 몇 km를 달릴 수 있을까요?

달린 거리   휘발유의 양
  ↓   ↓

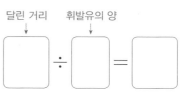

☐ ÷ ☐ = ☐

답 휘발유 1 L로 ☐ km를 달릴 수 있습니다.

주사위 눈의 수 3개를 한 번씩 모두 사용하여 가장 작은 대분수를 만들려고 합니다. 만든 대분수를 ☐ 안에 써넣고, 나눗셈의 몫을 기약분수로 나타내세요.

29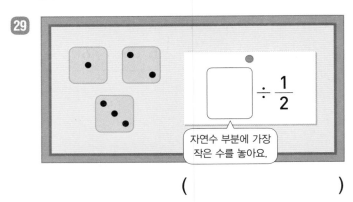

(   )

32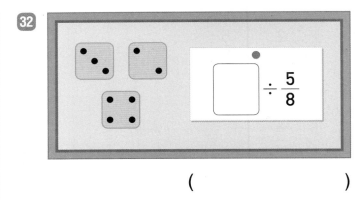

(   )

30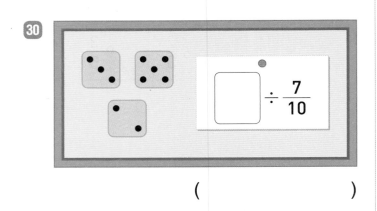

(   )

33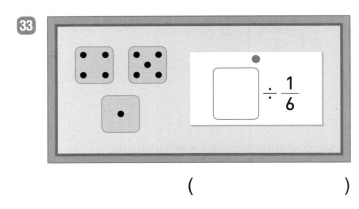

(   )

31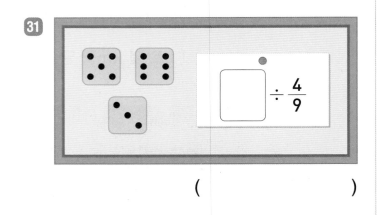

(   )

34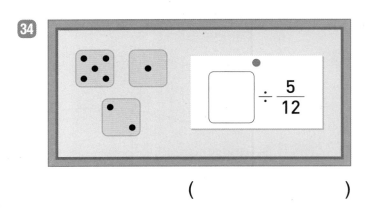

(   )

실수한 것이 없는지 검토했나요?

예 ☐ , 아니요 ☐

07회 개념 (대분수)÷(대분수)

대분수를 가분수로 바꾼 후 두 분수를 통분하여 계산합니다.

통분해요.

$$2\frac{1}{2} \div 1\frac{2}{5} = \frac{5}{2} \div \frac{7}{5} = \frac{25}{10} \div \frac{14}{10}$$

$$= 25 \div 14 = \frac{25}{14} = 1\frac{11}{14}$$

분자끼리 나눠요.

대분수를 가분수로 바꾼 후 분수의 곱셈으로 바꾸어 계산합니다.

분수의 곱셈으로 바꿔요.

$$2\frac{1}{2} \div 1\frac{2}{5} = \frac{5}{2} \div \frac{7}{5} = \frac{5}{2} \times \frac{5}{7}$$

$$= \frac{25}{14} = 1\frac{11}{14}$$

◆ ☐ 안에 알맞은 수를 써넣으세요.

1 $1\frac{2}{3} \div 1\frac{3}{5}$

$$= \frac{\boxed{}}{3} \div \frac{\boxed{}}{5} = \frac{\boxed{}}{15} \div \frac{\boxed{}}{15}$$

$$= \frac{\boxed{}}{\boxed{}} = \boxed{}\frac{\boxed{}}{\boxed{}}$$

2 $2\frac{5}{7} \div 1\frac{1}{2}$

$$= \frac{\boxed{}}{7} \div \frac{\boxed{}}{2} = \frac{\boxed{}}{14} \div \frac{\boxed{}}{14}$$

$$= \frac{\boxed{}}{\boxed{}} = \boxed{}\frac{\boxed{}}{\boxed{}}$$

3 $4\frac{4}{5} \div 2\frac{3}{4}$

$$= \frac{\boxed{}}{5} \div \frac{\boxed{}}{4} = \frac{\boxed{}}{20} \div \frac{\boxed{}}{20}$$

$$= \frac{\boxed{}}{\boxed{}} = \boxed{}\frac{\boxed{}}{\boxed{}}$$

◆ ☐ 안에 알맞은 수를 써넣으세요.

4 $1\frac{3}{4} \div 1\frac{2}{7}$

$$= \frac{\boxed{}}{4} \div \frac{\boxed{}}{7} = \frac{\boxed{}}{4} \times \frac{\boxed{}}{\boxed{}}$$

$$= \frac{\boxed{}}{\boxed{}} = \boxed{}\frac{\boxed{}}{\boxed{}}$$

5 $3\frac{1}{3} \div 1\frac{3}{8}$

$$= \frac{\boxed{}}{3} \div \frac{\boxed{}}{8} = \frac{\boxed{}}{3} \times \frac{\boxed{}}{\boxed{}}$$

$$= \frac{\boxed{}}{\boxed{}} = \boxed{}\frac{\boxed{}}{\boxed{}}$$

6 $5\frac{3}{7} \div 2\frac{2}{5}$

$$= \frac{\boxed{}}{7} \div \frac{\boxed{}}{5} = \frac{\boxed{}}{7} \times \frac{\boxed{}}{\boxed{}}$$

$$= \frac{\boxed{}}{42} = \boxed{}\frac{\boxed{}}{\boxed{}}$$

1
단원

정답
05쪽

✦ 계산을 하여 기약분수로 나타내세요.

7 ① $3\dfrac{1}{9} \div 1\dfrac{1}{2}$

② $3\dfrac{1}{9} \div 2\dfrac{4}{5}$

실수 방지 자연수 부분끼리, 진분수 부분끼리 나누지 않도록 주의해요.

8 ① $4\dfrac{4}{7} \div 1\dfrac{3}{5}$

② $4\dfrac{4}{7} \div 2\dfrac{2}{3}$

---

9 ① $6\dfrac{2}{3} \div 1\dfrac{1}{4}$

② $6\dfrac{2}{3} \div 5\dfrac{5}{6}$

10 ① $9\dfrac{1}{6} \div 1\dfrac{3}{4}$

② $9\dfrac{1}{6} \div 2\dfrac{1}{7}$

11 ① $10\dfrac{3}{8} \div 3\dfrac{1}{4}$

② $10\dfrac{3}{8} \div 6\dfrac{1}{2}$

12 ① $12\dfrac{2}{5} \div 4\dfrac{3}{7}$

② $12\dfrac{2}{5} \div 10\dfrac{2}{3}$

✦ 계산을 하여 기약분수로 나타내세요.

13 ① $1\dfrac{1}{8} \div 2\dfrac{1}{2}$

② $2\dfrac{1}{12} \div 2\dfrac{1}{2}$

14 ① $1\dfrac{7}{9} \div 3\dfrac{3}{7}$

② $2\dfrac{1}{4} \div 3\dfrac{3}{7}$

15 ① $3\dfrac{2}{5} \div 5\dfrac{2}{3}$

② $4\dfrac{1}{6} \div 5\dfrac{2}{3}$

16 ① $2\dfrac{1}{2} \div 8\dfrac{1}{8}$

② $5\dfrac{5}{12} \div 8\dfrac{1}{8}$

17 ① $3\dfrac{5}{7} \div 9\dfrac{3}{4}$

② $6\dfrac{1}{2} \div 9\dfrac{3}{4}$

18 ① $3\dfrac{1}{3} \div 10\dfrac{5}{7}$

② $5\dfrac{5}{8} \div 10\dfrac{5}{7}$

✦ ☐ 안에 알맞은 기약분수를 써넣으세요.

19

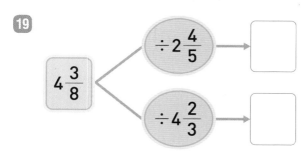

20

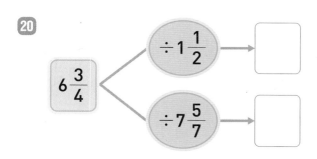

✦ 빈칸에 알맞은 기약분수를 써넣으세요.

21

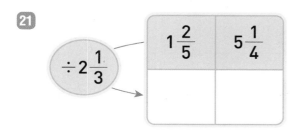

22

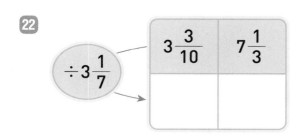

23

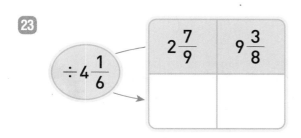

✦ 가장 작은 수를 가장 큰 수로 나눈 몫을 기약분수로 나타내세요.

24

$$2\frac{4}{9} \qquad 5\frac{1}{3} \qquad 1\frac{13}{15}$$

(   )

25

$$1\frac{3}{5} \qquad 2\frac{1}{10} \qquad 8\frac{4}{7}$$

(   )

26

$$10\frac{1}{9} \qquad 6\frac{5}{8} \qquad 3\frac{1}{2}$$

(   )

문장제 + 연산

27 수지네 집 거실에는 가로가 $2\frac{1}{2}$ m, 세로가 $1\frac{2}{3}$ m인 카펫이 깔려 있습니다. 카펫의 가로는 세로의 몇 배일까요?

카펫의 가로   카펫의 세로

☐ ÷ ☐ = ☐

답 카펫의 가로는 세로의 ☐ 배입니다.

◆ 초록색 털실과 빨간색 털실이 있습니다. 긴 털실의 길이는 짧은 털실의 길이의 몇 배인지 기약분수로 나타내세요.

28

$3\frac{5}{8}$ m

$2\frac{3}{4}$ m

(   )

29

$2\frac{2}{9}$ m

$5\frac{5}{7}$ m

(   )

30

$5\frac{3}{5}$ m

$6\frac{6}{7}$ m

(   )

31

$1\frac{4}{7}$ m

$5\frac{1}{2}$ m

(   )

32

$4\frac{1}{6}$ m

$6\frac{2}{3}$ m

(   )

33

$8\frac{1}{10}$ m

$3\frac{3}{8}$ m

(   )

34

$6\frac{7}{8}$ m

$7\frac{7}{10}$ m

(   )

35

$6\frac{1}{4}$ m

$2\frac{2}{9}$ m

(   )

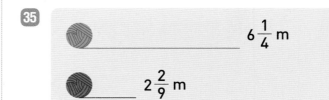

실수한 것이 없는지 검토했나요?

예 ☐ , 아니요 ☐

08회 테스트 1. 분수의 나눗셈

◆ 계산을 하세요. (단, 답이 분수일 경우 기약분수로 나타냅니다.)

1　① $\dfrac{6}{7} \div \dfrac{2}{7}$

　　② $\dfrac{6}{7} \div \dfrac{3}{7}$

2　① $\dfrac{12}{13} \div \dfrac{3}{13}$

　　② $\dfrac{12}{13} \div \dfrac{6}{13}$

3　① $\dfrac{9}{28} \div \dfrac{3}{28}$

　　② $\dfrac{15}{28} \div \dfrac{3}{28}$

4　① $\dfrac{3}{8} \div \dfrac{5}{8}$

　　② $\dfrac{3}{8} \div \dfrac{7}{8}$

5　① $\dfrac{6}{13} \div \dfrac{8}{13}$

　　② $\dfrac{6}{13} \div \dfrac{12}{13}$

6　① $\dfrac{12}{17} \div \dfrac{10}{17}$

　　② $\dfrac{15}{17} \div \dfrac{10}{17}$

◆ 계산을 하세요. (단, 답이 분수일 경우 기약분수로 나타냅니다.)

7　① $\dfrac{5}{8} \div \dfrac{3}{4}$

　　② $\dfrac{5}{8} \div \dfrac{7}{10}$

8　① $\dfrac{3}{14} \div \dfrac{6}{7}$

　　② $\dfrac{3}{14} \div \dfrac{2}{9}$

9　① $\dfrac{4}{5} \div \dfrac{2}{7}$

　　② $\dfrac{5}{8} \div \dfrac{2}{7}$

10　① $10 \div \dfrac{5}{6}$

　　② $10 \div \dfrac{10}{19}$

11　① $18 \div \dfrac{9}{11}$

　　② $18 \div \dfrac{6}{13}$

12　① $12 \div \dfrac{8}{11}$

　　② $20 \div \dfrac{8}{11}$

정답 05쪽

1

단원

◆ 계산을 하여 기약분수로 나타내세요.

13 ① $\dfrac{6}{5} \div \dfrac{9}{10}$

② $\dfrac{6}{5} \div \dfrac{4}{15}$

14 ① $\dfrac{15}{7} \div \dfrac{3}{4}$

② $\dfrac{15}{7} \div \dfrac{9}{14}$

15 ① $\dfrac{13}{10} \div \dfrac{5}{6}$

② $\dfrac{25}{14} \div \dfrac{5}{6}$

16 ① $1\dfrac{3}{4} \div \dfrac{5}{8}$

② $1\dfrac{3}{4} \div \dfrac{21}{22}$

17 ① $3\dfrac{8}{9} \div \dfrac{10}{11}$

② $3\dfrac{8}{9} \div \dfrac{7}{15}$

18 ① $6\dfrac{2}{3} \div \dfrac{4}{13}$

② $8\dfrac{4}{5} \div \dfrac{4}{13}$

◆ 계산을 하여 기약분수로 나타내세요.

19 ① $2\dfrac{2}{5} \div 1\dfrac{1}{3}$

② $2\dfrac{2}{5} \div 2\dfrac{2}{7}$

20 ① $4\dfrac{2}{7} \div 1\dfrac{7}{8}$

② $4\dfrac{2}{7} \div 3\dfrac{1}{8}$

21 ① $7\dfrac{7}{9} \div 2\dfrac{6}{7}$

② $7\dfrac{7}{9} \div 6\dfrac{2}{3}$

22 ① $1\dfrac{1}{3} \div 3\dfrac{1}{9}$

② $2\dfrac{5}{8} \div 3\dfrac{1}{9}$

23 ① $3\dfrac{3}{4} \div 5\dfrac{5}{8}$

② $4\dfrac{1}{2} \div 5\dfrac{5}{8}$

24 ① $2\dfrac{4}{7} \div 9\dfrac{3}{5}$

② $7\dfrac{1}{2} \div 9\dfrac{3}{5}$

◆ ☐ 안에 알맞은 기약분수를 써넣으세요.

25

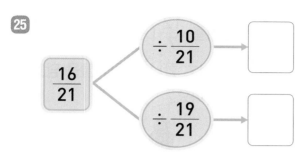

26

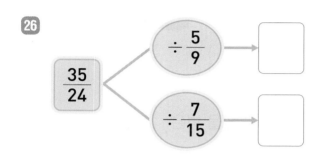

◆ 빈칸에 알맞은 기약분수를 써넣으세요.

27

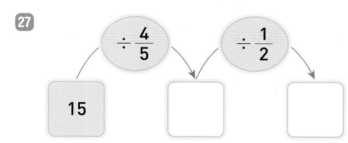

28

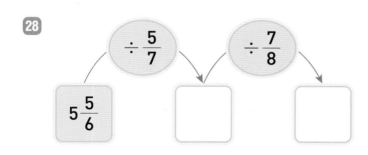

29

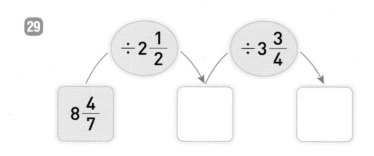

◆ 몫의 크기를 비교하여 ◯ 안에 >, =, <를 알맞게 써넣으세요.

30 $\dfrac{8}{11} \div \dfrac{4}{11}$ ◯ $\dfrac{11}{14} \div \dfrac{3}{14}$

31 $28 \div \dfrac{7}{8}$ ◯ $27 \div \dfrac{9}{10}$

32 $5\dfrac{4}{9} \div \dfrac{7}{12}$ ◯ $2\dfrac{3}{8} \div \dfrac{2}{9}$

33 $4\dfrac{1}{6} \div \dfrac{5}{8}$ ◯ $7\dfrac{1}{5} \div 1\dfrac{5}{7}$

◆ 가장 큰 수를 가장 작은 수로 나눈 몫을 기약분수로 나타내세요.

34

| $\dfrac{3}{4}$ | $6\dfrac{3}{5}$ | $4\dfrac{1}{2}$ |

(   )

35

| $5\dfrac{5}{7}$ | $4\dfrac{11}{12}$ | $2\dfrac{8}{11}$ |

(   )

36

| $3\dfrac{1}{5}$ | $7\dfrac{5}{6}$ | $10\dfrac{2}{3}$ |

(   )

◆ 문제를 읽고 답을 구하세요.

37 들이가 $\frac{12}{13}$ L인 빈 물통에 물을 가득 채우려고 합니다. 한 번에 $\frac{4}{13}$ L씩 붓는다면 물을 몇 번 부어야 할까요?

$$\boxed{} \div \boxed{} = \boxed{}$$

답 물을 $\boxed{}$ 번 부어야 합니다.

38 생선 가게에서 새우 $\frac{4}{7}$ kg을 4000원에 팔고 있습니다. 새우 1 kg을 사려면 얼마를 내야 할까요?

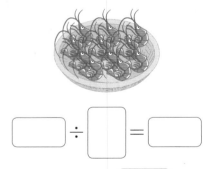

$$\boxed{} \div \boxed{} = \boxed{}$$

답 새우 1 kg을 사려면 $\boxed{}$ 원을 내야 합니다.

◆ 문제를 읽고 답을 구하세요.

39 방앗간에서 참기름 $\frac{12}{7}$ L를 병 한 개에 $\frac{3}{14}$ L씩 나누어 담으려고 합니다. 참기름을 담을 병은 몇 개 필요할까요?

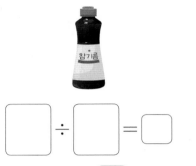

$$\boxed{} \div \boxed{} = \boxed{}$$

답 참기름을 담을 병은 $\boxed{}$ 개 필요합니다.

40 선물 상자 한 개를 포장하기 위해서 리본 끈 $\frac{7}{18}$ m가 필요합니다. 리본 끈 $8\frac{5}{9}$ m로는 선물 상자 몇 개를 포장할 수 있을까요?

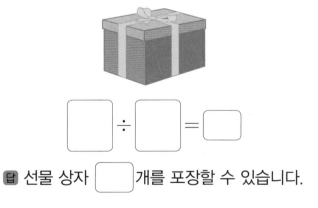

$$\boxed{} \div \boxed{} = \boxed{}$$

답 선물 상자 $\boxed{}$ 개를 포장할 수 있습니다.

• 1단원 테스트 후 맞힌 개수에 따라 아래와 같이 공부하세요.

맞힌 개수	0~27개	28~35개	36~40개
공부 방법	분수의 나눗셈에 대한 이해가 부족해요. 01~07회를 다시 공부해요.	분수의 나눗셈에 대해 이해는 하고 있으나 좀 더 연습이 필요해요.	계산 실수하지 않도록 집중하여 틀린 문제를 확인해요.

2

소수의 나눗셈

개념 미리보기

2. 소수의 나눗셈

1 **(소수)÷(소수)**

소수의 자릿수가 다를 때는 나누어지는 수 또는 나누는 수가 자연수가 되도록 소수점을 똑같이 옮겨요.

소수의 자릿수가 같은 경우	소수의 자릿수가 다른 경우
0.04) 2.4 8 과정	2.1) 7.3 5 과정

소수점을 오른쪽으로 두 자리씩 옮겨서 자연수의 나눗셈과 같이 계산해요.

나누는 수가 자연수가 되도록 소수점을 오른쪽으로 한 자리씩 옮겨요.

2 **(자연수)÷(소수)**

소수 한 자리 수로 나누는 경우	소수 두 자리 수로 나누는 경우
0.6) 1 5.0 과정	0.25) 6.0 0 과정

소수 한 자리 수가 자연수가 되도록 소수점을 오른쪽으로 한 자리씩 옮겨요.

소수 두 자리 수가 자연수가 되도록 소수점을 오른쪽으로 두 자리씩 옮겨요.

3 **몫을 반올림하여 나타내기**

반올림은 구하려는 자리 바로 아래 자리의 숫자가 0, 1, 2, 3, 4이면 버리고, 5, 6, 7, 8, 9이면 올려요.

◆ 몫을 반올림하여 소수 첫째 자리까지 나타내기

$4 \div 7 = 0.57 \cdots$ ➜ 0.6

└─ 7이므로 올려요.

◆ 몫을 반올림하여 소수 둘째 자리까지 나타내기

$4 \div 7 = 0.571 \cdots$ ➜ 0.57

└─ 1이므로 버려요.

4 **나누어 주고 남는 양 구하기**

한 명에게 나누어 주는 길이

10.2 m

3 m	3 m	3 m	1.2 m
1명	1명	1명	남는 길이

3) 1 0.2 → 나누어 줄 수 있는 사람 수
9
1.2 → 남는 길이

09회 개념 (소수 한 자리 수)÷(소수 한 자리 수)

4.8÷0.4의 계산은 자연수의 나눗셈 48÷4를 이용합니다.

4.8 ÷ **0.4**

↓10배 ↓10배

> 나누어지는 수와 나누는 수를 10배 해도 몫은 같아요.

48 ÷ **4** = 12

→ 4.8÷0.4=48÷4=12

(소수 **한** 자리 수)÷(소수 **한** 자리 수)
→ (분모가 **10**인 분수)÷(분모가 **10**인 분수)

$6.3÷0.7=\dfrac{63}{10}÷\dfrac{7}{10}$

$=63÷7=9$

분자끼리 나눠요.

✜ ☐ 안에 알맞은 수를 써넣으세요.

1 3.6 ÷ 0.6

↓10배 ↓10배

☐ ÷ ☐ = ☐

→ 3.6÷0.6=☐

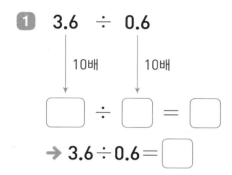

2 5.2 ÷ 0.4

↓10배 ↓10배

☐ ÷ ☐ = ☐

→ 5.2÷0.4=☐

3 9.8 ÷ 0.7

↓10배 ↓10배

☐ ÷ ☐ = ☐

→ 9.8÷0.7=☐

✜ ☐ 안에 알맞은 수를 써넣으세요.

4 $0.8÷0.4=\dfrac{☐}{10}÷\dfrac{☐}{10}$

$=☐÷☐=☐$

5 $3.3÷0.3=\dfrac{☐}{10}÷\dfrac{☐}{10}$

$=☐÷☐=☐$

6 $5.6÷0.7=\dfrac{☐}{10}÷\dfrac{☐}{10}$

$=☐÷☐=☐$

7 $6.4÷0.4=\dfrac{☐}{10}÷\dfrac{☐}{10}$

$=☐÷☐=☐$

8 $8.1÷0.9=\dfrac{☐}{10}÷\dfrac{☐}{10}$

$=☐÷☐=☐$

2
단원

정답
06쪽

◈ ☐ 안에 알맞은 수를 써넣으세요.

9 ① $24 \div 3 = \boxed{}$ → $2.4 \div 0.3 = \boxed{}$

② $24 \div 6 = \boxed{}$ → $2.4 \div 0.6 = \boxed{}$

실수 방지 자연수의 나눗셈을 계산한 몫을 10으로 나누지 말고 그대로 써요.

10 ① $42 \div 2 = \boxed{}$ → $4.2 \div 0.2 = \boxed{}$

② $42 \div 7 = \boxed{}$ → $4.2 \div 0.7 = \boxed{}$

11 ① $56 \div 8 = \boxed{}$ → $5.6 \div 0.8 = \boxed{}$

② $56 \div 14 = \boxed{}$ → $5.6 \div 1.4 = \boxed{}$

12 ① $63 \div 9 = \boxed{}$ → $6.3 \div 0.9 = \boxed{}$

② $63 \div 21 = \boxed{}$ → $6.3 \div 2.1 = \boxed{}$

13 ① $75 \div 5 = \boxed{}$ → $7.5 \div 0.5 = \boxed{}$

② $75 \div 25 = \boxed{}$ → $7.5 \div 2.5 = \boxed{}$

14 ① $96 \div 6 = \boxed{}$ → $9.6 \div 0.6 = \boxed{}$

② $96 \div 24 = \boxed{}$ → $9.6 \div 2.4 = \boxed{}$

◈ 나눗셈을 하세요.

15 ① $6.8 \div 0.4$

② $14.4 \div 0.4$

16 ① $9.1 \div 0.7$

② $16.8 \div 0.7$

17 ① $6.5 \div 1.3$

② $41.6 \div 1.3$

18 ① $12.8 \div 1.6$

② $54.4 \div 1.6$

19 ① $11.6 \div 2.9$

② $34.8 \div 2.9$

20 ① $7.4 \div 3.7$

② $77.7 \div 3.7$

21 ① $32.4 \div 5.4$

② $59.4 \div 5.4$

22 ① $24.8 \div 6.2$

② $49.6 \div 6.2$

✦ 빈 곳에 알맞은 수를 써넣으세요.

23

6.5 ÷0.5

24
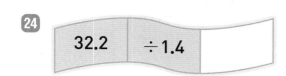
32.2 ÷1.4

25
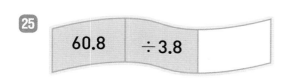
60.8 ÷3.8

✦ ☐ 안에 알맞은 수를 써넣으세요.

26
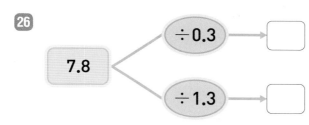
7.8 ÷0.3 ☐
÷1.3 ☐

27
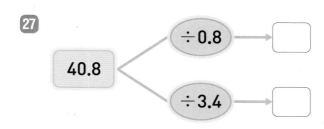
40.8 ÷0.8 ☐
÷3.4 ☐

28
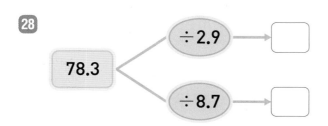
78.3 ÷2.9 ☐
÷8.7 ☐

✦ 몫이 더 큰 나눗셈 쪽에 ○표 하세요.

29
10.4÷0.8 ( )　18.7÷1.7 ( )

30
15.6÷2.6 ( )　7.2÷0.9 ( )

31
22.4÷1.4 ( )　29.4÷2.1 ( )

32
34.1÷3.1 ( )　40.5÷4.5 ( )

33
52.5÷2.1 ( )　40.3÷1.3 ( )

문장제 + 연산

34 반찬 가게에서 [48.6 L]의 식혜를 한 병에 [1.8 L]씩 담아 팔려고 합니다. 팔 수 있는 식혜는 모두 몇 병일까요?

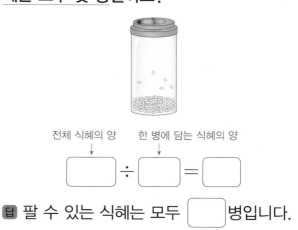

전체 식혜의 양　한 병에 담는 식혜의 양
☐ ÷ ☐ = ☐

답 팔 수 있는 식혜는 모두 ☐병입니다.

같은 색으로 칠해진 칸의 두 수 중 큰 수를 작은 수로 나눈 몫이 가운데 수가 되는 두 수를 찾아 ◯표 하세요.

35
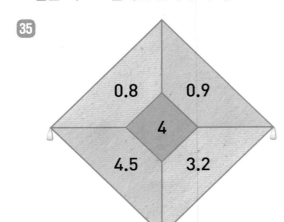

36
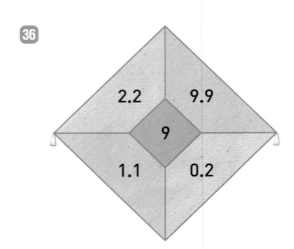

37
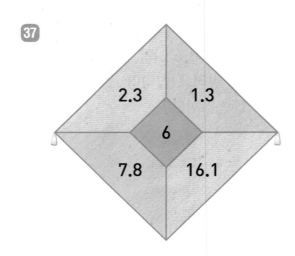

38
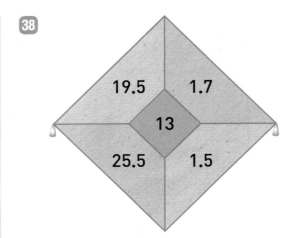

39
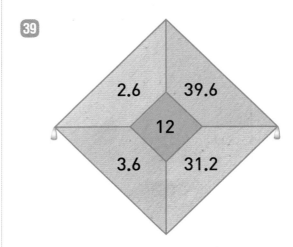

40
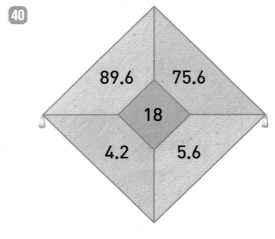

실수한 것이 없는지 검토했나요?

예 [ ] , 아니요 [ ]

10회 개념 (소수 두 자리 수)÷(소수 두 자리 수)

2.35÷0.05의 계산은 자연수의 나눗셈 235÷5를 이용합니다.

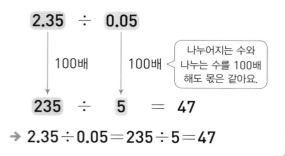

2.35 ÷ 0.05

100배   100배

> 나누어지는 수와 나누는 수를 100배 해도 몫은 같아요.

235 ÷ 5 = 47

→ 2.35÷0.05＝235÷5＝47

소수 두 자리 수의 소수점을 오른쪽으로 두 자리씩 옮겨서 (자연수)÷(자연수)로 계산합니다.

$$0.06\overline{)1.92} \rightarrow 6\overline{)192}$$

```
      3 2
  6 ) 1 9 2
      1 8
        1 2
        1 2
          0
```

✚ ☐ 안에 알맞은 수를 써넣으세요.

1 0.96 ÷ 0.24

100배   100배

☐ ÷ ☐ = ☐

→ 0.96÷0.24＝☐

2 3.69 ÷ 0.09

100배   100배

☐ ÷ ☐ = ☐

→ 3.69÷0.09＝☐

3 8.68 ÷ 0.31

100배   100배

☐ ÷ ☐ = ☐

→ 8.68÷0.31＝☐

✚ 나눗셈을 하세요.

4 ① $0.03\overline{)2.49}$ ② $0.08\overline{)3.52}$

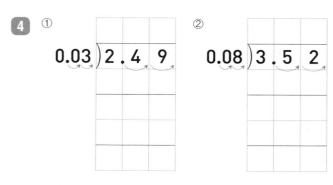

5 ① $0.07\overline{)4.27}$ ② $0.06\overline{)5.76}$

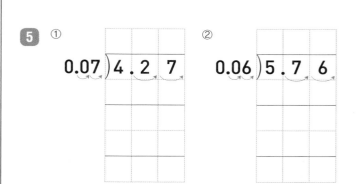

6 ① $0.25\overline{)6.75}$ ② $0.48\overline{)8.64}$

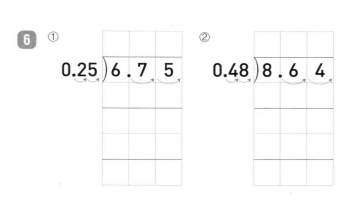

2. 소수의 나눗셈 **045**

✦ 나눗셈을 하세요.

7 ① $0.02\overline{)1.2\,8}$　② $0.16\overline{)1.2\,8}$

실수 방지 옮긴 소수점의 위치를 확인하고 몫을 써야 돼요.

8 ① $0.05\overline{)3.8\,5}$　② $0.11\overline{)3.8\,5}$

---

9 ① $0.08\overline{)4.3\,2}$　② $1.44\overline{)4.3\,2}$

10 ① $0.14\overline{)6.1\,6}$　② $0.88\overline{)6.1\,6}$

11 ① $0.21\overline{)8.8\,2}$　② $0.98\overline{)8.8\,2}$

12 ① $0.32\overline{)9.9\,2}$　② $1.24\overline{)9.9\,2}$

✦ 나눗셈을 하세요.

13 ① $1.14 \div 0.06$
　② $2.22 \div 0.06$

14 ① $0.52 \div 0.13$
　② $4.68 \div 0.13$

15 ① $3.51 \div 0.27$
　② $6.75 \div 0.27$

16 ① $4.62 \div 0.42$
　② $9.66 \div 0.42$

17 ① $3.84 \div 0.64$
　② $10.88 \div 0.64$

18 ① $7.29 \div 0.81$
　② $12.96 \div 0.81$

19 ① $6.75 \div 1.35$
　② $28.35 \div 1.35$

20 ① $14.58 \div 2.43$
　② $43.74 \div 2.43$

✦ 빈칸에 알맞은 수를 써넣으세요.

21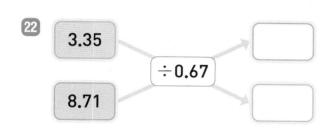

1.26
3.36
÷0.14

22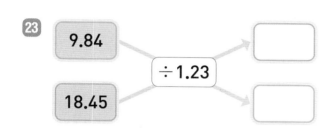

3.35
8.71
÷0.67

23

9.84
18.45
÷1.23

✦ 빈칸에 큰 수를 작은 수로 나눈 몫을 써넣으세요.

24 ①
| 0.87 | |
| 0.29 | |

②
| 0.46 | |
| 4.14 | |

25 ①
| 0.14 | |
| 5.32 | |

②
| 6.08 | |
| 0.38 | |

26 ①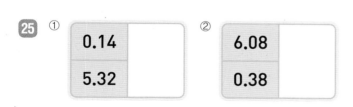
| 15.51 | |
| 1.41 | |

②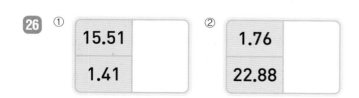
| 1.76 | |
| 22.88 | |

✦ 몫이 더 작은 나눗셈 쪽에 ○표 하세요.

27
| 1.68÷0.42 | 2.34÷0.78 |
| ( ) | ( ) |

28
| 4.25÷0.25 | 11.48÷0.82 |
| ( ) | ( ) |

29
| 6.88÷0.86 | 18.36÷2.04 |
| ( ) | ( ) |

30
| 10.45÷0.95 | 16.38÷1.26 |
| ( ) | ( ) |

문장제 + 연산

31 아버지가 캔 고구마의 무게는 18.24 kg 이고 현수가 캔 고구마의 무게는 4.56 kg 입니다. 아버지가 캔 고구마의 무게는 현수가 캔 고구마의 무게의 몇 배일까요?

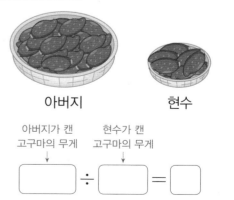

아버지   현수

아버지가 캔   현수가 캔
고구마의 무게   고구마의 무게
↓   ↓

[   ] ÷ [   ] = [   ]

📝 답 아버지가 캔 고구마의 무게는 현수가 캔 고구마의 무게의 [   ]배입니다.

🔸 나눗셈의 몫이 가장 작은 풍선을 터뜨리려고 합니다. 터뜨려야 하는 풍선을 찾아 기호를 쓰세요.

32

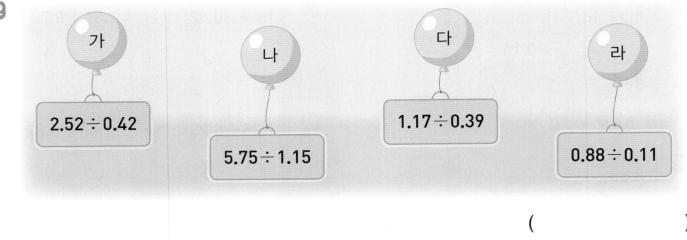

가 2.52÷0.42

나 5.75÷1.15

다 1.17÷0.39

라 0.88÷0.11

( )

33

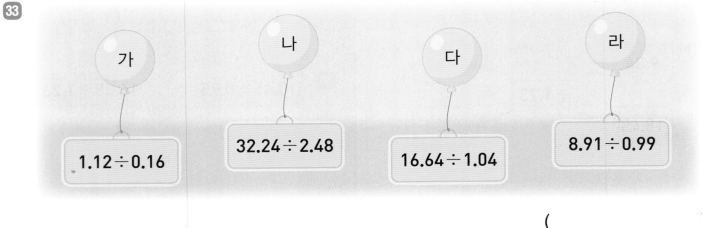

가 1.12÷0.16

나 32.24÷2.48

다 16.64÷1.04

라 8.91÷0.99

( )

34

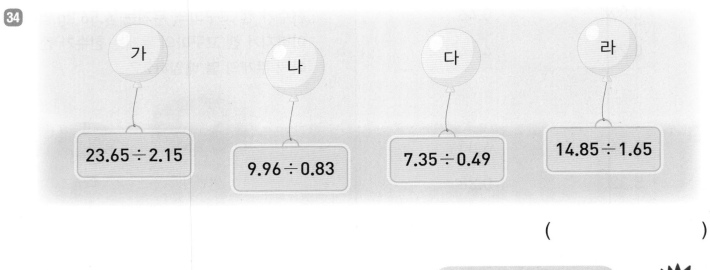

가 23.65÷2.15

나 9.96÷0.83

다 7.35÷0.49

라 14.85÷1.65

( )

실수한 것이 없는지 검토했나요?

예 ☐ , 아니요 ☐

11회 개념 (소수 두 자리 수)÷(소수 한 자리 수)

나누어지는 수 3.24는 소수 두 자리 수이므로 소수점을 **오른쪽으로 두 자리씩 옮겨서** 계산합니다.

몫의 소수점은 나누어지는 수의 옮긴 소수점의 위치에서 찍어요.

$$1.20\,)\overline{3.2\,4} \rightarrow 120\,)\overline{3\,2\,4\,0}$$

```
          2.7
120)3 2 4 . 0
    2 4 0
      8 4 0
      8 4 0
          0
```

나누는 수 1.2는 소수 한 자리 수이므로 소수점을 **오른쪽으로 한 자리씩 옮겨서** 계산합니다.

몫의 소수점은 나누어지는 수의 옮긴 소수점의 위치에서 찍어요.

$$1.2\,)\overline{3.2\,4} \rightarrow 12\,)\overline{3\,2.4}$$

```
        2.7
12)3 2 . 4
   2 4
     8 4
     8 4
        0
```

➕ 나눗셈을 하세요.

1
$$2.50\,)\overline{3.7\,5} \rightarrow 250\,)\overline{3\,7\,5.0}$$

2
$$1.90\,)\overline{6.8\,4} \rightarrow 190\,)\overline{6\,8\,4.0}$$

3
$$4.30\,)\overline{7.7\,4} \rightarrow 430\,)\overline{7\,7\,4.0}$$

➕ 나눗셈을 하세요.

4
$$2.5\,)\overline{3.7\,5} \rightarrow 25\,)\overline{3\,7.5}$$

5
$$1.9\,)\overline{6.8\,4} \rightarrow 19\,)\overline{6\,8.4}$$

6
$$4.3\,)\overline{7.7\,4} \rightarrow 43\,)\overline{7\,7.4}$$

2
단원

정답
07쪽

✦ 나눗셈을 하세요.

7 ①
$$0.3) \overline{2.4\ 3}$$

②
$$0.9) \overline{2.4\ 3}$$

실수 방지 나누어지는 수와 나누는 수를 똑같이 10배 또는 100배 하여 계산해야 돼요.

8 ①
$$0.8) \overline{4.4\ 8}$$

②
$$2.8) \overline{4.4\ 8}$$

9 ①
$$0.7) \overline{6.0\ 9}$$

②
$$2.1) \overline{6.0\ 9}$$

10 ①
$$1.2) \overline{1\ 1.7\ 6}$$

②
$$4.2) \overline{1\ 1.7\ 6}$$

11 ①
$$5.6) \overline{1\ 9.0\ 4}$$

②
$$6.8) \overline{1\ 9.0\ 4}$$

12 ①
$$7.2) \overline{3\ 0.9\ 6}$$

②
$$8.6) \overline{3\ 0.9\ 6}$$

✦ 나눗셈을 하세요.

13 ① $0.72 \div 0.3$
② $2.49 \div 0.3$

14 ① $1.75 \div 0.7$
② $3.43 \div 0.7$

15 ① $6.45 \div 1.5$
② $11.85 \div 1.5$

16 ① $5.92 \div 3.7$
② $17.76 \div 3.7$

17 ① $16.12 \div 5.2$
② $43.16 \div 5.2$

18 ① $17.28 \div 6.4$
② $32.64 \div 6.4$

19 ① $23.24 \div 8.3$
② $53.12 \div 8.3$

20 ① $32.34 \div 9.8$
② $72.52 \div 9.8$

◆ ☐ 안에 알맞은 수를 써넣으세요.

21
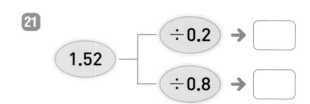

22
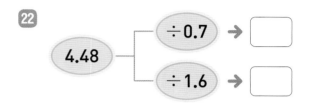

23
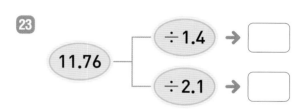

◆ 빈칸에 알맞은 수를 써넣으세요.

24
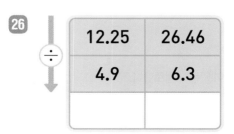

0.87	7.05
0.3	1.5

25
4.42	9.45
1.3	2.1

26
12.25	26.46
4.9	6.3

◆ 두 나눗셈의 몫을 모두 찾아 색칠하세요.

27
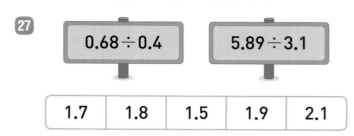

1.7	1.8	1.5	1.9	2.1

28
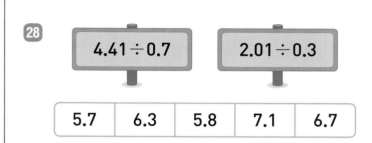

5.7	6.3	5.8	7.1	6.7

29
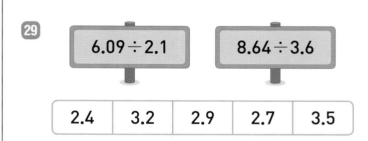

2.4	3.2	2.9	2.7	3.5

문장제 + 연산

30 집에서 우체국까지의 거리는 6.45 km 이고, 집에서 공원까지의 거리는 4.3 km 입니다. 집에서 우체국까지의 거리는 집에서 공원까지의 거리의 몇 배일까요?

집 ~ 우체국   집 ~ 공원

☐ ÷ ☐ = ☐

답 집에서 우체국까지의 거리는 집에서 공원까지의 거리의 ☐ 배입니다.

◆ 아래 그림은 위 그림을 확대 복사한 것입니다. 아래 그림은 위 그림의 변을 몇 배 늘였는지 구하세요.

31

4.7 cm

확대 복사한 변을 확대 복사하기 전의 변으로 나누면 변을 몇 배 늘였는지 구할 수 있어요.

13.63 cm

(   )

32

11.3 cm

39.55 cm

(   )

33

8.3 cm

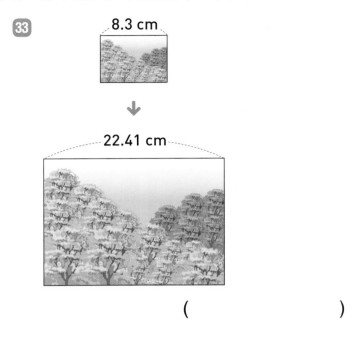

22.41 cm

(   )

34

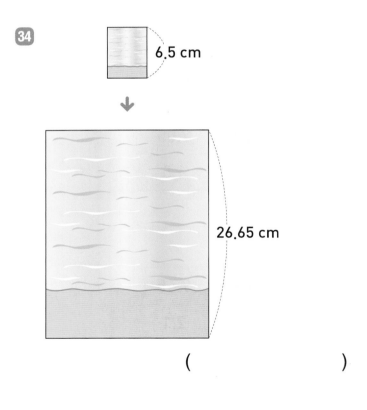

6.5 cm

26.65 cm

(   )

실수한 것이 없는지 검토했나요?

예 ☐ , 아니요 ☐

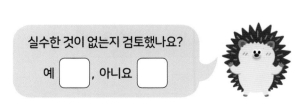

12회 개념 (자연수)÷(소수 한 자리 수)

6÷1.2의 계산은 자연수의 나눗셈 60÷12를 이용합니다.

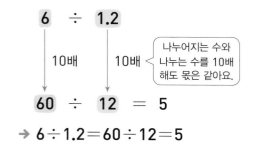

6 ÷ 1.2

10배   10배

> 나누어지는 수와 나누는 수를 10배 해도 몫은 같아요.

60 ÷ 12 = 5

→ 6÷1.2=60÷12=5

나누는 수가 자연수가 되도록 소수점을 오른쪽으로 한 자리씩 옮겨서 계산합니다.

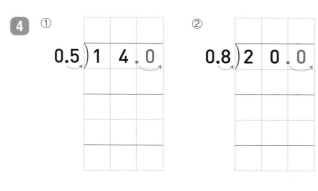

0.8)1 2.0 → 8)1 2 0

> 0을 1개 쓰고 소수점을 한 자리 옮겨요.

```
      1 5
  8)1 2 0
      8
      4 0
      4 0
      0
```

✛ ☐ 안에 알맞은 수를 써넣으세요.

1 27 ÷ 0.9

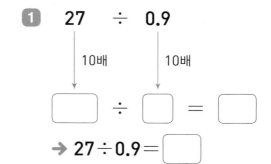

10배   10배

☐ ÷ ☐ = ☐

→ 27÷0.9= ☐

2 56 ÷ 3.5

10배   10배

☐ ÷ ☐ = ☐

→ 56÷3.5= ☐

3 76 ÷ 1.9

10배   10배

☐ ÷ ☐ = ☐

→ 76÷1.9= ☐

✛ 나눗셈을 하세요.

4 ① 0.5)1 4.0   ② 0.8)2 0.0

5 ① 1.6)2 4.0   ② 2.5)3 5.0

6 ① 1.4)4 9.0   ② 3.8)5 7.0

✦ 나눗셈을 하세요.

7 ①
$$0.2\overline{)9}$$

②
$$1.5\overline{)9}$$

실수 방지 나누는 수만 소수점을 오른쪽으로 한 자리 옮겨 계산하면 안 돼요.

8 ①
$$0.6\overline{)1\ 8}$$

②
$$0.9\overline{)1\ 8}$$

9 ①
$$0.5\overline{)2\ 7}$$

②
$$1.8\overline{)2\ 7}$$

10 ①
$$1.2\overline{)3\ 6}$$

②
$$2.4\overline{)3\ 6}$$

11 ①
$$2.8\overline{)4\ 2}$$

②
$$3.5\overline{)4\ 2}$$

12 ①
$$1.5\overline{)7\ 2}$$

②
$$4.5\overline{)7\ 2}$$

✦ 나눗셈을 하세요.

13 ① $8 \div 0.5$

② $12 \div 0.5$

14 ① $18 \div 1.2$

② $30 \div 1.2$

15 ① $24 \div 1.5$

② $36 \div 1.5$

16 ① $11 \div 2.2$

② $55 \div 2.2$

17 ① $28 \div 2.8$

② $84 \div 2.8$

18 ① $49 \div 3.5$

② $77 \div 3.5$

19 ① $23 \div 4.6$

② $69 \div 4.6$

20 ① $81 \div 5.4$

② $135 \div 5.4$

◆ ☐ 안에 알맞은 수를 써넣으세요.

21 39 → 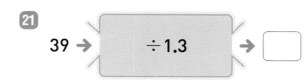 ÷1.3 → ☐

22 65 → ÷2.5 → ☐

23 90 → ÷3.6 → ☐

◆ 빈칸에 알맞은 수를 써넣으세요.

24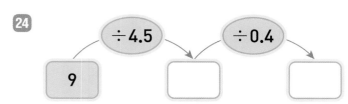
9 → ÷4.5 → ☐ → ÷0.4 → ☐

25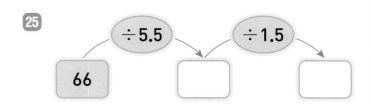
66 → ÷5.5 → ☐ → ÷1.5 → ☐

26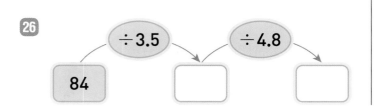
84 → ÷3.5 → ☐ → ÷4.8 → ☐

◆ 몫이 더 작은 것의 기호를 쓰세요.

27 ㉠ 27÷1.5   ㉡ 48÷3.2
( )

28 ㉠ 6÷0.4   ㉡ 70÷3.5
( )

29 ㉠ 51÷3.4   ㉡ 35÷1.4
( )

30 ㉠ 60÷0.8   ㉡ 78÷1.2
( )

31 ㉠ 81÷4.5   ㉡ 56÷2.8
( )

문장제 + 연산

32 길이가 21 cm 인 가래떡을 한 도막의 두께가 1.4 cm 가 되도록 자르려고 합니다. 자른 가래떡은 모두 몇 도막이 될까요?

전체 가래떡의 길이   한 도막의 두께
      ↓   ↓
  ☐ ÷ ☐ = ☐

답 자른 가래떡은 모두 ☐ 도막이 됩니다.

◆ 칠판에 쓴 나눗셈식의 일부분이 지워져 보이지 않습니다. 지워진 부분의 수를 구해 ⬜ 안에 써넣으세요.

33
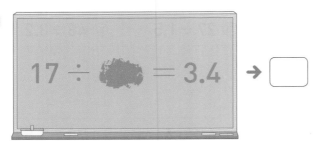
$17 \div \boxed{} = 3.4$ → ⬜

37

$28 \div \boxed{} = 0.8$ → ⬜

34

$72 \div \boxed{} = 1.8$ → ⬜

38

$45 \div \boxed{} = 2.5$ → ⬜

35

$39 \div \boxed{} = 1.5$ → ⬜

39

$87 \div \boxed{} = 5.8$ → ⬜

36
$128 \div \boxed{} = 6.4$ → ⬜

40

$144 \div \boxed{} = 3.2$ → ⬜

실수한 것이 없는지 검토했나요?
예 ⬜ , 아니요 ⬜

13회 개념 (자연수)÷(소수 두 자리 수)

8÷0.25의 계산은 자연수의 나눗셈 800÷25를 이용합니다.

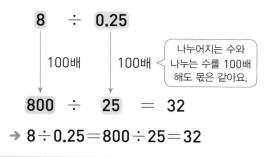

8 ÷ 0.25

100배 ↓ ↓ 100배 < 나누어지는 수와 나누는 수를 100배 해도 몫은 같아요.

800 ÷ 25 = 32

→ 8÷0.25=800÷25=32

나누는 수가 자연수가 되도록 소수점을 오른쪽으로 두 자리씩 옮겨서 계산합니다.

$$0.25 \overline{)6.00} \rightarrow 25 \overline{)600}$$

0을 2개 쓰고 소수점을 두 자리 옮겨요.

```
      2 4
25 )6 0 0
   5 0
   1 0 0
   1 0 0
         0
```

✦ ☐ 안에 알맞은 수를 써넣으세요.

1 7 ÷ 0.28

100배 ↓ ↓ 100배

☐ ÷ ☐ = ☐

→ 7÷0.28= ☐

2 25 ÷ 1.25

100배 ↓ ↓ 100배

☐ ÷ ☐ = ☐

→ 25÷1.25= ☐

3 36 ÷ 2.25

100배 ↓ ↓ 100배

☐ ÷ ☐ = ☐

→ 36÷2.25= ☐

✦ 나눗셈을 하세요.

4
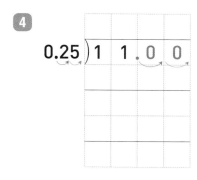
$$0.25 \overline{)1\,1.00}$$

5
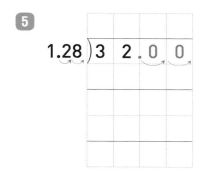
$$1.28 \overline{)3\,2.00}$$

6
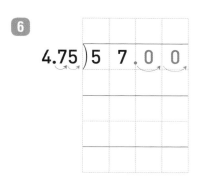
$$4.75 \overline{)5\,7.00}$$

✦ 나눗셈을 하세요.

7 ①
$$0.25 \overline{\smash{)}12}$$

②
$$0.75 \overline{\smash{)}12}$$

실수 방지 15＝15.00임을 생각하고 계산해요.

8 ①
$$0.25 \overline{\smash{)}15}$$

②
$$1.25 \overline{\smash{)}15}$$

9 ①
$$0.75 \overline{\smash{)}30}$$

②
$$3.75 \overline{\smash{)}30}$$

10 ①
$$3.25 \overline{\smash{)}39}$$

②
$$9.75 \overline{\smash{)}39}$$

11 ①
$$1.25 \overline{\smash{)}45}$$

②
$$2.25 \overline{\smash{)}45}$$

12 ①
$$1.25 \overline{\smash{)}60}$$

②
$$3.75 \overline{\smash{)}60}$$

✦ 나눗셈을 하세요.

13 ① $3 \div 0.75$

② $21 \div 0.75$

14 ① $23 \div 0.92$

② $69 \div 0.92$

15 ① $30 \div 1.25$

② $40 \div 1.25$

16 ① $21 \div 1.75$

② $35 \div 1.75$

17 ① $18 \div 2.25$

② $54 \div 2.25$

18 ① $15 \div 3.75$

② $75 \div 3.75$

19 ① $17 \div 4.25$

② $51 \div 4.25$

20 ① $69 \div 5.75$

② $115 \div 5.75$

✦ 몫을 찾아 선으로 이으세요.

21
8÷0.32 •

12÷0.15 •

28÷1.75 •

• 16

• 25

• 80

22
6÷0.08 •

15÷0.75 •

53÷2.12 •

• 75

• 25

• 20

✦ 빈칸에 알맞은 수를 써넣으세요.

23
÷

| 3 | 0.25 | |
| 9 | 0.45 | |

24
÷

| 10 | 1.25 | |
| 28 | 1.12 | |

25
÷

| 34 | 1.36 | |
| 58 | 1.45 | |

✦ ☐ 안에 알맞은 수를 써넣으세요.

26
☐ × 0.25 = 1

27
☐ × 0.35 = 14

28
☐ × 2.75 = 22

29
☐ × 0.84 = 42

30
☐ × 1.75 = 56

문장제 + 연산

31 둘레가 81 m 인 원 모양의 연못에 3.24 m 간격으로 화분을 놓으려고 합니다. 필요한 화분은 모두 몇 개일까요? (단, 화분의 두께는 생각하지 않습니다.)

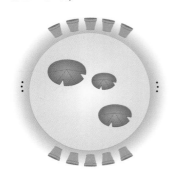

연못의 둘레   화분 사이의 간격
↓   ↓
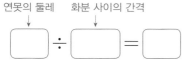
☐ ÷ ☐ = ☐

답 필요한 화분은 모두 ☐ 개입니다.

2
단원

정답
09쪽

2. 소수의 나눗셈   059

✦ 나눗셈의 몫을 구하고, 몫이 작은 것부터 차례대로 아래 ◯ 안에 글자를 써넣으면 속담이 완성됩니다. 완성된 속담을 알아보세요.

32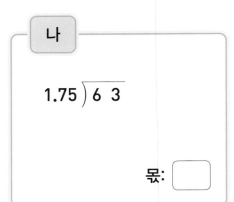

나

1.75) 6 3

몫: ☐

33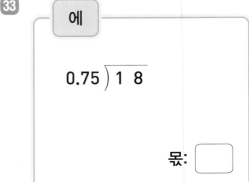

에

0.75) 1 8

몫: ☐

34

콩

0.36) 9

몫: ☐

35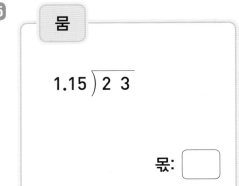

뭄

1.15) 2 3

몫: ☐

36

듯

1.85) 7 4

몫: ☐

37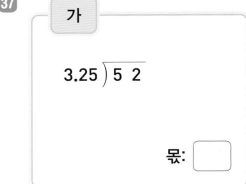

가

3.25) 5 2

몫: ☐

◆ 완성된 속담은 ◯ ◯ ◯ ◯ ◯ ◯ 입니다.

실수한 것이 없는지 검토했나요?

예 ☐ , 아니요 ☐

14회 [개념] 몫을 반올림하여 나타내기

몫을 <u>반올림하여 소수 첫째 자리까지</u> 나타낼 때는 소수 둘째 자리의 숫자를 확인하여 반올림합니다.

$$\begin{array}{r} 0.3\,6 \\ 11\overline{)4.0\,0} \end{array}$$ → $4 \div 11 = 0.36\cdots$ → **0.4**

└ 5와 같거나 5보다 큰 수는 올려요.

몫을 <u>반올림하여 소수 둘째 자리까지</u> 나타낼 때는 소수 셋째 자리의 숫자를 확인하여 반올림합니다.

$$\begin{array}{r} 0.3\,6\,3 \\ 11\overline{)4.0\,0\,0} \end{array}$$ → $4 \div 11 = 0.363\cdots$ → **0.36**

└ 5보다 작은 수는 버려요.

❖ 몫을 반올림하여 소수 첫째 자리까지 나타내려고 합니다. 나눗셈식을 보고 ◯ 안에 알맞은 수를 써넣으세요.

1 $9 \div 13 = 0.692\cdots$

몫의 소수 둘째 자리 숫자: ◯

→ 반올림한 몫: ◯

2 $16 \div 3 = 5.333\cdots$

몫의 소수 둘째 자리 숫자: ◯

→ 반올림한 몫: ◯

3 $23 \div 7 = 3.285\cdots$

몫의 소수 둘째 자리 숫자: ◯

→ 반올림한 몫: ◯

4 $30 \div 11 = 2.727\cdots$

몫의 소수 둘째 자리 숫자: ◯

→ 반올림한 몫: ◯

❖ 몫을 반올림하여 소수 둘째 자리까지 나타내려고 합니다. 나눗셈식을 보고 ◯ 안에 알맞은 수를 써넣으세요.

5 $7 \div 6 = 1.166\cdots$

몫의 소수 셋째 자리 숫자: ◯

→ 반올림한 몫: ◯

6 $15 \div 7 = 2.142\cdots$

몫의 소수 셋째 자리 숫자: ◯

→ 반올림한 몫: ◯

7 $29 \div 6 = 4.833\cdots$

몫의 소수 셋째 자리 숫자: ◯

→ 반올림한 몫: ◯

8 $36 \div 13 = 2.769\cdots$

몫의 소수 셋째 자리 숫자: ◯

→ 반올림한 몫: ◯

❖ 몫을 반올림하여 주어진 자리까지 나타내세요.

9

나눗셈	① 11÷6	② 11÷7
소수 첫째 자리까지		
소수 둘째 자리까지		

10

나눗셈	① 14÷3	② 14÷6
소수 첫째 자리까지		
소수 둘째 자리까지		

11

나눗셈	① 26÷7	② 26÷9
소수 첫째 자리까지		
소수 둘째 자리까지		

12

나눗셈	① 3.1÷0.6	② 3.1÷0.9
소수 첫째 자리까지		
소수 둘째 자리까지		

13

나눗셈	① 8.7÷3.5	② 8.7÷5.3
소수 첫째 자리까지		
소수 둘째 자리까지		

❖ 몫을 반올림하여 주어진 자리까지 나타내세요.

14 **소수 첫째 자리까지**

① 10÷3 ➔ (   )
② 17÷3 ➔ (   )

15 **소수 둘째 자리까지**

① 16÷6 ➔ (   )
② 25÷6 ➔ (   )

16 **소수 첫째 자리까지**

① 18÷7 ➔ (   )
② 32÷7 ➔ (   )

17 **소수 둘째 자리까지**

① 22÷9 ➔ (   )
② 51÷9 ➔ (   )

18 **소수 첫째 자리까지**

① 2.3÷0.3 ➔ (   )
② 5.2÷0.3 ➔ (   )

19 **소수 둘째 자리까지**

① 6.8÷2.6 ➔ (   )
② 9.5÷2.6 ➔ (   )

빈칸에 몫을 반올림하여 소수 첫째 자리까지 나타낸 수를 써넣으세요.

20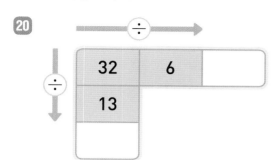

21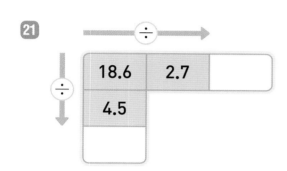

빈칸에 큰 수를 작은 수로 나눈 몫을 반올림하여 소수 둘째 자리까지 나타낸 수를 써넣으세요.

22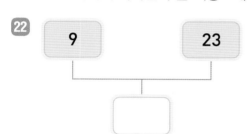

23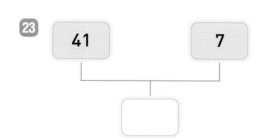

24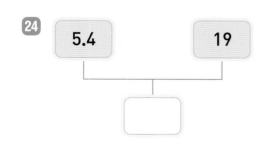

계산 결과를 비교하여 ◯ 안에 >, =, <를 알맞게 써넣으세요.

25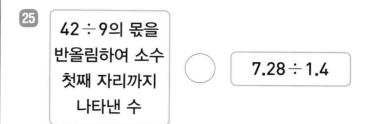

42÷9의 몫을 반올림하여 소수 첫째 자리까지 나타낸 수 ◯ 7.28÷1.4

26

2.16÷0.8 ◯ 13÷6의 몫을 반올림하여 소수 둘째 자리까지 나타낸 수

27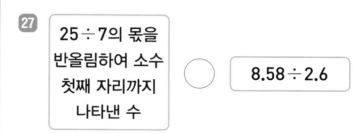

25÷7의 몫을 반올림하여 소수 첫째 자리까지 나타낸 수 ◯ 8.58÷2.6

문장제 + 연산

28 준영이의 몸무게는 39 kg 이고, 삼촌의 몸무게는 70 kg 입니다. 삼촌의 몸무게는 준영이의 몸무게의 몇 배인지 반올림하여 소수 첫째 자리까지 나타내세요.

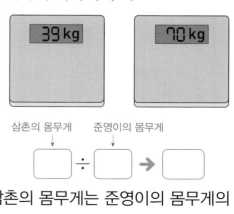

삼촌의 몸무게   준영이의 몸무게
◻ ÷ ◻ → ◻

답 삼촌의 몸무게는 준영이의 몸무게의
◻ 배입니다.

2 단원
정답
10쪽

✦ 4개의 수를 한 번씩 모두 사용하여 가장 큰 두 자리 수와 가장 작은 두 자리 수를 각각 만들려고 합니다. 만든 가장 큰 두 자리 수를 가장 작은 두 자리 수로 나눈 몫을 반올림하여 소수 첫째 자리까지 나타내세요.

29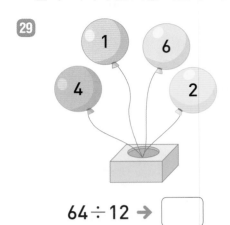

$64 \div 12 \rightarrow$ ☐

32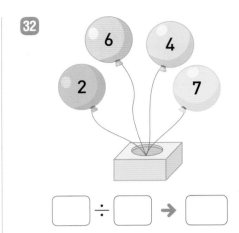

☐ $\div$ ☐ $\rightarrow$ ☐

30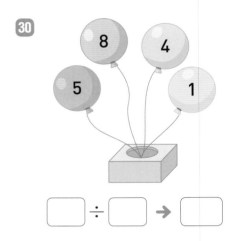

☐ $\div$ ☐ $\rightarrow$ ☐

33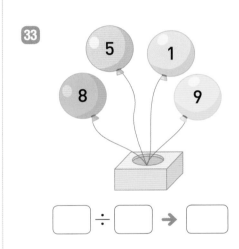

☐ $\div$ ☐ $\rightarrow$ ☐

31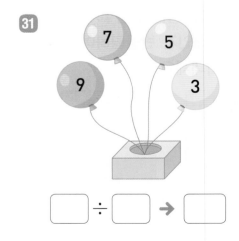

☐ $\div$ ☐ $\rightarrow$ ☐

34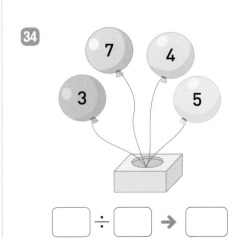

☐ $\div$ ☐ $\rightarrow$ ☐

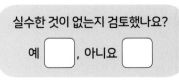

실수한 것이 없는지 검토했나요?

예 ☐ , 아니요 ☐

15회 개념 나누어 주고 남는 양 구하기

물 7.1 L를 한 통에 2 L씩 나누어 담고 남는 양을 알아보려고 합니다.

7.1 L

| 2 L | 2 L | 2 L | ← 남는 양 |

$7.1 - 2 - 2 - 2 = 1.1$

→ **7.1**에서 **2**를 **3**번 빼면 **1.1**이 남습니다.
　　　　몫　　　　남는 양

몫을 자연수 부분까지 구하고 남는 수를 구합니다.

┌ 몫을 자연수 부분까지 계산해요.

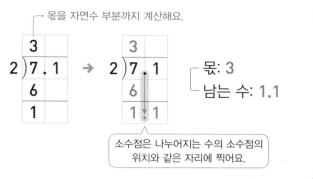

몫: 3
남는 수: 1.1

소수점은 나누어지는 수의 소수점의 위치와 같은 자리에 찍어요.

◈ 철사를 한 명에게 ■ m씩 나누어 주고 남는 길이를 알아보려고 합니다. 그림을 보고 ◯ 안에 알맞은 수를 써넣으세요.

1

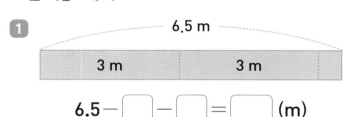

6.5 m

| 3 m | 3 m |

$6.5 - \boxed{} - \boxed{} = \boxed{}$ (m)

2

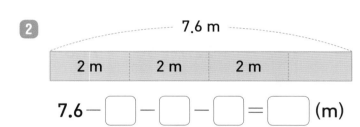

7.6 m

| 2 m | 2 m | 2 m |

$7.6 - \boxed{} - \boxed{} - \boxed{} = \boxed{}$ (m)

3

15.2 m

| 4 m | 4 m | 4 m |

$15.2 - \boxed{} - \boxed{} - \boxed{} = \boxed{}$ (m)

4

22.7 m

| 9 m | 9 m |

$22.7 - \boxed{} - \boxed{} = \boxed{}$ (m)

◈ 나눗셈식을 보고 ◯ 안에 알맞은 수를 써넣으세요.

5

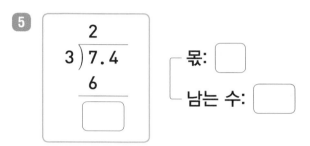

몫: ◯
남는 수: ◯

6

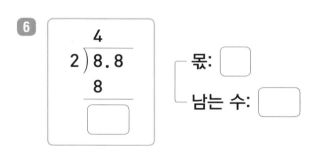

몫: ◯
남는 수: ◯

7

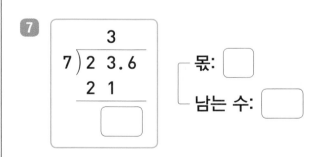

몫: ◯
남는 수: ◯

8

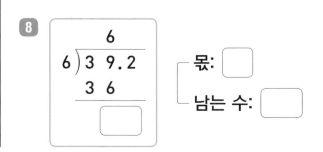

몫: ◯
남는 수: ◯

2
단원

정답
10쪽

나눗셈의 몫을 자연수까지 구하고, 남는 수를 구하세요.

9 ①

3) 1 8.3

몫 (   )
남는 수 (   )

②

5) 1 8.3

몫 (   )
남는 수 (   )

실수 방지 남는 수의 소수점을 잊지 않고 꼭 찍어줘야 돼요.

10 ①

6) 3 7.2

몫 (   )
남는 수 (   )

②

8) 3 7.2

몫 (   )
남는 수 (   )

11 ①

5) 4 3.9

몫 (   )
남는 수 (   )

②

6) 4 3.9

몫 (   )
남는 수 (   )

12 ①

7) 5 0.6

몫 (   )
남는 수 (   )

②

9) 5 0.6

몫 (   )
남는 수 (   )

나눗셈의 몫을 자연수까지 구하고, 남는 수를 구하세요.

13

나눗셈	① $19.6 \div 2$	② $35.3 \div 2$
몫		
남는 수		

14

나눗셈	① $16.1 \div 3$	② $40.5 \div 3$
몫		
남는 수		

15

나눗셈	① $33.9 \div 4$	② $54.2 \div 4$
몫		
남는 수		

16

나눗셈	① $22.7 \div 6$	② $71.3 \div 6$
몫		
남는 수		

17

나눗셈	① $35.8 \div 7$	② $50.2 \div 7$
몫		
남는 수		

18

나눗셈	① $40.6 \div 9$	② $93.4 \div 9$
몫		
남는 수		

◆ 나눗셈의 몫을 자연수까지 구하여 □ 안에 써넣고, 남는 수를 ○ 안에 써넣으세요.

19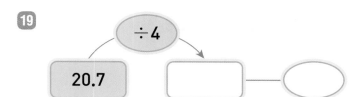

20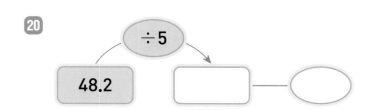

21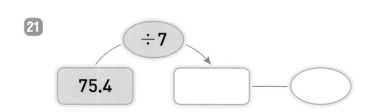

◆ 나눗셈의 몫을 자연수까지 구했을 때 남는 수가 더 작은 것에 ○표 하세요.

22
11.2÷3	23.4÷5
( )	( )

23
33.1÷8	30.9÷6
( )	( )

24
27.2÷4	75.3÷9
( )	( )

25
62.1÷7	34.2÷6
( )	( )

◆ □ 안에 알맞은 수를 구하세요.

26
□÷3 ➡ 몫: 9, 남는 수: 0.3

(   )

27
□÷9 ➡ 몫: 5, 남는 수: 6.6

(   )

28
□÷8 ➡ 몫: 8, 남는 수: 7.4

(   )

29
□÷5 ➡ 몫: 16, 남는 수: 3.5

(   )

문장제 + 연산

30 감자 42.2 kg이 있습니다. 이 감자를 한 상자에 5 kg씩 담아서 팔려고 합니다. 감자는 몇 상자까지 팔 수 있고, 남는 감자는 몇 kg일까요? (단, 몫은 자연수까지만 구합니다.)

전체   한 상자에 담는
감자의 양   감자의 양
↓   ↓
□ ÷ □ ➡ 몫: □, 남는 수: □

답 감자는 □ 상자까지 팔 수 있고, 남는 감자는 □ kg입니다.

나눗셈의 몫을 자연수까지 구했을 때 남는 수를 선을 따라 아래로 내려가 도착한 곳에 써넣으세요.

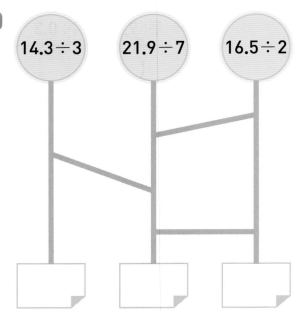

31 $14.3 \div 3$ $21.9 \div 7$ $16.5 \div 2$

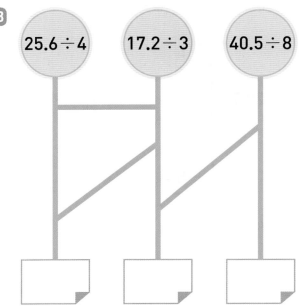

33 $25.6 \div 4$ $17.2 \div 3$ $40.5 \div 8$

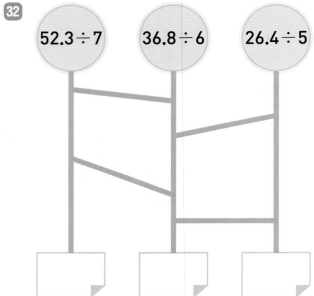

32 $52.3 \div 7$ $36.8 \div 6$ $26.4 \div 5$

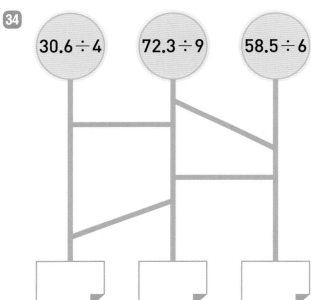

34 $30.6 \div 4$ $72.3 \div 9$ $58.5 \div 6$

실수한 것이 없는지 검토했나요?

예 , 아니요

16회 테스트 2. 소수의 나눗셈

◈ 나눗셈을 하세요.

1 ① $0.7 \overline{)5.6}$ ② $1.4 \overline{)5.6}$

2 ① $0.4 \overline{)1\,6.8}$ ② $2.1 \overline{)1\,6.8}$

3 ① $0.7 \overline{)3\,3.6}$ ② $4.2 \overline{)3\,3.6}$

4 ① $0.08 \overline{)0.7\,2}$ ② $0.18 \overline{)0.7\,2}$

5 ① $0.28 \overline{)3.3\,6}$ ② $1.12 \overline{)3.3\,6}$

6 ① $0.06 \overline{)5.4\,6}$ ② $0.14 \overline{)5.4\,6}$

◈ 나눗셈을 하세요.

7 ① $0.8 \overline{)5.5\,2}$ ② $1.2 \overline{)5.5\,2}$

8 ① $2.4 \overline{)2\,2.0\,8}$ ② $9.6 \overline{)2\,2.0\,8}$

9 ① $1.5 \overline{)2\,4}$ ② $4.8 \overline{)2\,4}$

10 ① $3.5 \overline{)6\,3}$ ② $10.5 \overline{)6\,3}$

11 ① $0.25 \overline{)1\,1}$ ② $0.44 \overline{)1\,1}$

12 ① $1.75 \overline{)6\,3}$ ② $5.25 \overline{)6\,3}$

2 단원

정답 11쪽

❖ 나눗셈을 하세요.

13 ① $56.7 \div 6.3$

② $94.5 \div 6.3$

14 ① $4.44 \div 0.74$

② $28.12 \div 0.74$

15 ① $3.84 \div 0.6$

② $5.82 \div 0.6$

16 ① $9.45 \div 2.7$

② $22.41 \div 2.7$

17 ① $12 \div 2.4$

② $60 \div 2.4$

18 ① $44 \div 5.5$

② $99 \div 5.5$

19 ① $20 \div 1.25$

② $50 \div 1.25$

20 ① $33 \div 2.75$

② $55 \div 2.75$

❖ 몫을 반올림하여 주어진 자리까지 나타내세요.

21 소수 첫째 자리까지

① $11 \div 3$ → (   )

② $16 \div 3$ → (   )

22 소수 둘째 자리까지

① $35 \div 6$ → (   )

② $52 \div 6$ → (   )

23 소수 첫째 자리까지

① $15 \div 7$ → (   )

② $41 \div 7$ → (   )

24 소수 둘째 자리까지

① $38 \div 9$ → (   )

② $69 \div 9$ → (   )

25 소수 첫째 자리까지

① $5.8 \div 0.6$ → (   )

② $9.4 \div 0.6$ → (   )

26 소수 둘째 자리까지

① $11.9 \div 2.1$ → (   )

② $16.5 \div 2.1$ → (   )

◆ ☐ 안에 알맞은 수를 써넣으세요.

27

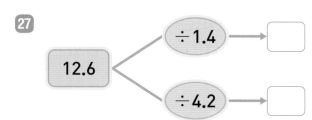

28

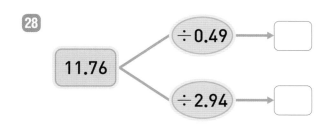

29

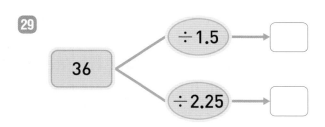

◆ 몫이 더 작은 나눗셈 쪽에 ○표 하세요.

30

3.12 ÷ 0.39	13.64 ÷ 1.24
( )	( )

31

51 ÷ 3.4	30 ÷ 2.5
( )	( )

32

52 ÷ 3.25	68 ÷ 2.72
( )	( )

◆ 빈칸에 몫을 반올림하여 소수 둘째 자리까지 나타낸 수를 써넣으세요.

33

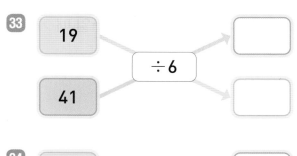

34

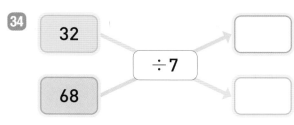

35

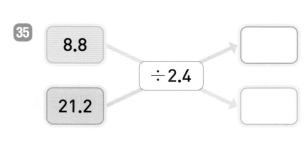

◆ ☐ 안에 알맞은 수를 구하세요.

36

☐ ÷ 4 ➡ 몫: 5, 남는 수: 2.1

(   )

37

☐ ÷ 7 ➡ 몫: 9, 남는 수: 4.5

(   )

38

☐ ÷ 9 ➡ 몫: 8, 남는 수: 5.6

(   )

39

☐ ÷ 8 ➡ 몫: 12, 남는 수: 0.2

(   )

✦ 문제를 읽고 답을 구하세요.

40 직사각형 모양의 꽃밭이 있습니다. 이 꽃밭의 가로는 4.44 m, 세로는 1.48 m일 때 가로는 세로의 몇 배일까요?

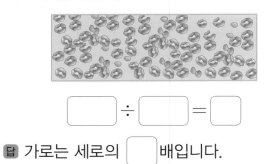

☐ ÷ ☐ = ☐

답 가로는 세로의 ☐ 배입니다.

41 긴 우산의 길이는 0.96 m이고 짧은 우산의 길이는 0.4 m입니다. 긴 우산의 길이는 짧은 우산의 길이의 몇 배일까요?

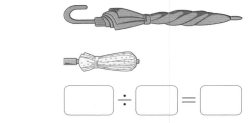

☐ ÷ ☐ = ☐

답 긴 우산의 길이는 짧은 우산의 길이의 ☐ 배입니다.

✦ 문제를 읽고 답을 구하세요.

42 식빵 한 개를 만드는 데 버터 20.5 g이 필요합니다. 버터 410 g으로 만들 수 있는 식빵은 몇 개일까요?

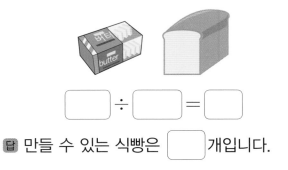

☐ ÷ ☐ = ☐

답 만들 수 있는 식빵은 ☐ 개입니다.

43 귤 37.4 kg을 한 상자에 4 kg씩 나누어 담으려고 합니다. 귤은 몇 상자에 나누어 담을 수 있고, 남는 귤은 몇 kg일까요? (단, 몫은 자연수까지만 구합니다.)

☐ ÷ ☐ ➡ 몫: ☐ , 남는 수: ☐

답 귤은 ☐ 상자에 나누어 담을 수 있고, 남는 귤은 ☐ kg입니다.

• 2단원 테스트 후 맞힌 개수에 따라 아래와 같이 공부하세요.

맞힌 개수	0~29개	30~38개	39~43개
공부 방법	소수의 나눗셈에 대한 이해가 부족해요. 09~15회를 다시 공부해요.	소수의 나눗셈에 대해 이해는 하고 있으나 좀 더 연습이 필요해요.	계산 실수하지 않도록 집중하여 틀린 문제를 확인해요.

3

공간과 입체

3. 공간과 입체

동영상 강의

17~18회 **1** 위, 앞, 옆에서 본 모양을 보고 쌓기나무의 개수 구하기

(위에서 본 모양)
=(1층에 쌓은 모양)

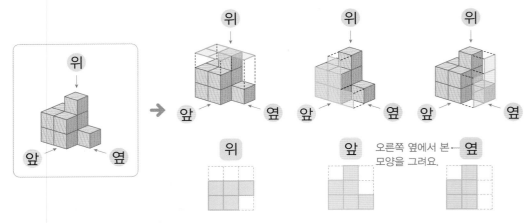

오른쪽 옆에서 본 모양을 그려요.

(쌓기나무의 개수)=5+4+1=10(개)
　　　　　　　　 1층 2층 3층

19회 **2** 위에서 본 모양에 수를 써서 쌓기나무의 개수 구하기

위에서 본 모양의 각 자리에 기호를 붙인 다음 각 자리에 쌓여 있는 쌓기나무의 개수를 구합니다.

쌓은 쌓기나무의 개수는 각 자리에 쓰여 있는 수의 합과 같아요.

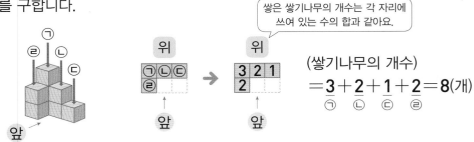

(쌓기나무의 개수)
=3+2+1+2=8(개)
　ⓐ ⓑ ⓒ ⓓ

20회 **3** 층별로 나타낸 모양을 보고 쌓기나무의 개수 구하기

층별로 같은 자리에 있는 쌓기나무는 같은 자리에 모양을 그린 다음 쌓기나무의 개수를 구합니다.

위층에 쌓으려면
아래층에 쌓기나무가
있어야 돼요.

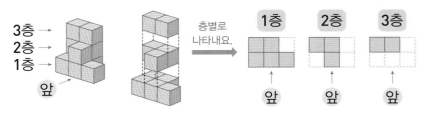

층별로 나타내요.

(쌓기나무의 개수)=5+3+2=10(개)
　　　　　　　　 1층 2층 3층

17회 개념 쌓은 모양을 보고 위, 앞, 옆에서 본 모양 그리기

(위에서 본 모양)=(1층에 쌓은 모양), (앞 또는 옆에서 본 모양)=(각 줄의 가장 높은 층의 모양)

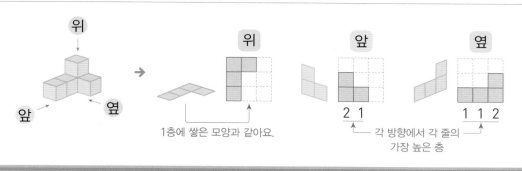

1층에 쌓은 모양과 같아요.

2 1

1 1 2

각 방향에서 각 줄의 가장 높은 층

✦ 쌓기나무로 쌓은 모양과 위에서 본 모양입니다. 앞에서 본 모양을 완성하세요.

1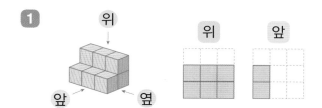

2

3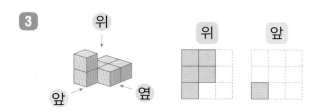

4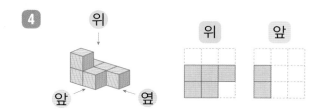

✦ 쌓기나무로 쌓은 모양과 위에서 본 모양입니다. 옆에서 본 모양을 완성하세요.

5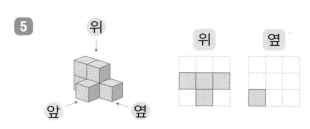

6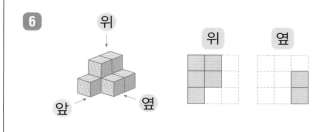

7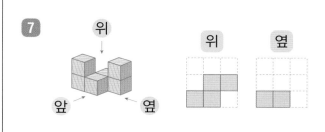

8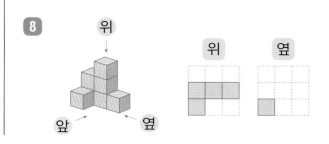

3 단원

정답 11쪽

◆ 쌓기나무로 쌓은 모양을 보고 위, 앞, 옆에서 본 모양을 각각 찾아 '위', '앞', '옆'을 알맞게 써넣으세요.

9

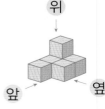

( )　　( )　　( )

10

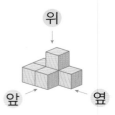

( )　　( )　　( )

11

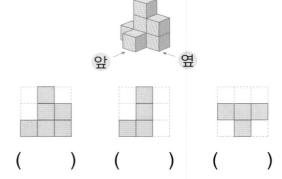

( )　　( )　　( )

◆ 쌓기나무로 쌓은 모양과 위에서 본 모양입니다. 앞과 옆에서 본 모양을 각각 그리세요.

12

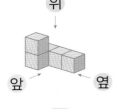

위　　　앞　　　옆

13

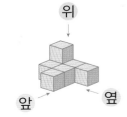

위　　　앞　　　옆

14

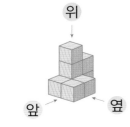

위　　　앞　　　옆

⬥ 쌓기나무로 쌓은 모양을 보고 위, 앞, 옆에서 본 모양을 각각 찾아 ◯ 안에 기호를 써넣으세요.

15

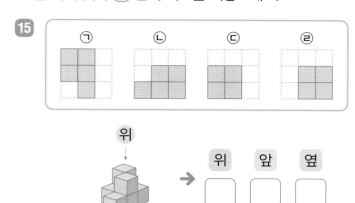

위	앞	옆

16

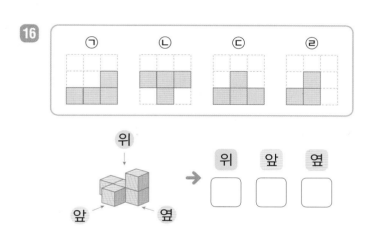

위	앞	옆

17

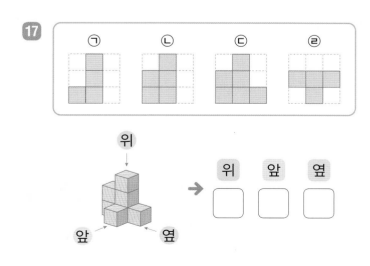

위	앞	옆

⬥ 쌓기나무로 쌓은 모양입니다. 앞에서 본 모양이 다른 것을 찾아 기호를 쓰세요.

18

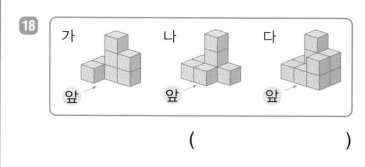

(   )

19

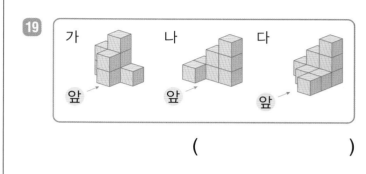

(   )

문장제 + 연산

20 쌓기나무로 쌓은 모양과 위, 앞, 옆에서 본 모양입니다. 잘못 그린 것을 찾아보세요.

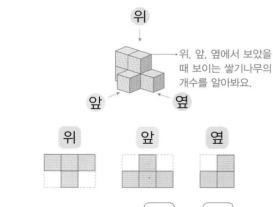

위, 앞, 옆에서 보았을 때 보이는 쌓기나무의 개수를 알아봐요.

위 왼쪽에서부터 **1**개, ☐개, ☐개

앞 왼쪽에서부터 ☐개, ☐개, **1**개

옆 왼쪽에서부터 **1**개, ☐개

답 잘못 그린 것은 (위 , 앞 , 옆)에서 본 모양입니다.

✦ 쌓기나무를 접착제로 붙여 모양을 만들었습니다. 그림과 같이 구멍이 난 상자에 넣을 수 있는 쌓기나무 모양을 찾아 ◯ 안에 기호를 써넣으세요. (단, 각 모양 뒤에 숨겨진 쌓기나무는 없습니다.)

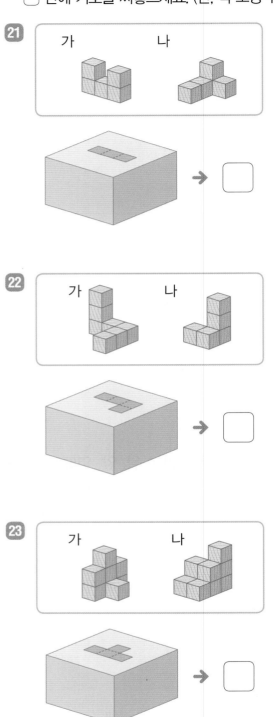

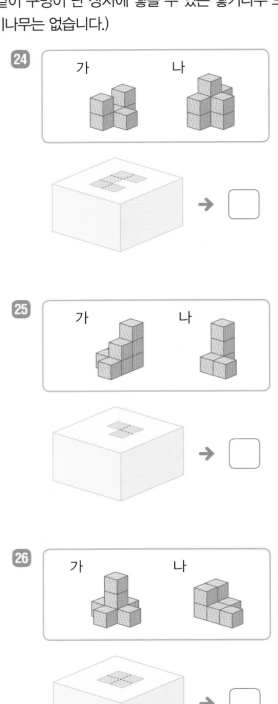

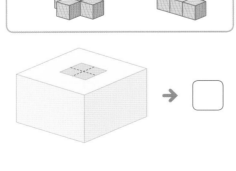

실수한 것이 없는지 검토했나요?

예 ◻, 아니요 ◻

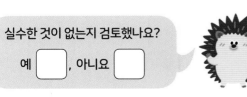

18회 개념 위, 앞, 옆에서 본 모양을 보고 쌓기나무의 개수 구하기

쌓기나무로 쌓은 모양과 위에서 본 모양을 보고 쌓기나무의 개수를 알아봅니다.

숨겨진 쌓기나무가 없는 경우	숨겨진 쌓기나무가 있는 경우

숨겨진 쌓기나무

위에서 본 모양　　위에서 본 모양

(쌓기나무의 개수)　(쌓기나무의 개수)
＝**3**＋**3**＝**6**(개)　＝**4**＋**3**＝**7**(개)
　1층　2층　　　　1층　2층

위에서 본 모양과 같이 1층에 쌓기나무를 놓은 후 나머지 층의 모양을 알아봅니다.

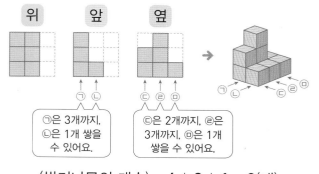

위　　앞　　옆

㉠은 3개까지, ㉡은 1개 쌓을 수 있어요.

㉢은 2개까지, ㉣은 3개까지, ㉤은 1개 쌓을 수 있어요.

(쌓기나무의 개수)＝**6**＋**2**＋**1**＝**9**(개)
　　　　　　　　1층　2층　3층

◆ 주어진 모양과 똑같이 쌓는 데 필요한 쌓기나무의 개수를 구하세요.

1

위에서 본 모양

(쌓기나무의 개수)＝**4**＋☐＝☐(개)

2

위에서 본 모양

(쌓기나무의 개수)＝**4**＋☐＝☐(개)

3

위에서 본 모양

(쌓기나무의 개수)
＝**5**＋☐＋☐＝☐(개)

◆ 쌓기나무로 쌓은 모양을 위, 앞, 옆에서 본 모양입니다. 쌓은 모양으로 알맞은 것에 ○표 하고, 똑같이 쌓는 데 필요한 쌓기나무의 개수를 구하세요.

4

위　　앞　　옆

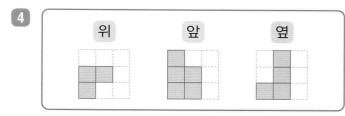

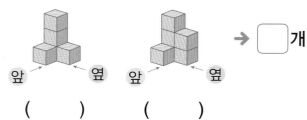

앞　옆　앞　옆　→ ☐개

(　　)　　(　　)

5

위　　앞　　옆

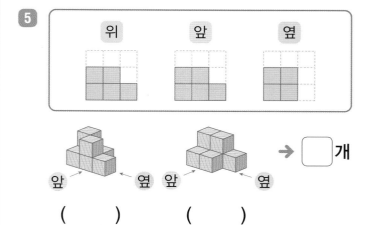

앞　옆　앞　옆　→ ☐개

(　　)　　(　　)

◆ 주어진 모양과 똑같이 쌓는 데 필요한 쌓기나무의 개수를 구하세요.

6

위에서 본 모양

( )

7

위에서 본 모양

( )

8

위에서 본 모양

( )

9

위에서 본 모양

( )

10

위에서 본 모양

( )

◆ 주어진 모양과 똑같이 쌓는 데 필요한 쌓기나무의 개수를 구하세요.

11

위에서 본 모양

( )

12

위에서 본 모양

( )

13

위에서 본 모양

( )

14

위에서 본 모양

( )

15

위에서 본 모양

( )

✤ 쌓기나무로 쌓은 모양을 위, 앞, 옆에서 본 모양입니다. 각 자리에 쌓인 쌓기나무의 개수를 알아보고 똑같이 쌓는 데 필요한 쌓기나무의 개수를 구하세요.

16

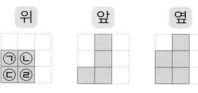

① ㉠: ⬚ 개, ㉢: ⬚ 개　앞에서 본 모양을 보고 알아봐요.

② ㉡: ⬚ 개, ㉣: ⬚ 개　옆에서 본 모양을 보고 알아봐요.

③ 필요한 쌓기나무의 개수: ⬚ 개

17

① ㉡: ⬚ 개, ㉣: ⬚ 개　앞에서 본 모양을 보고 알아봐요.

② ㉠: ⬚ 개, ㉢: ⬚ 개, ㉤: ⬚ 개

옆에서 본 모양을 보고 알아봐요.

③ 필요한 쌓기나무의 개수: ⬚ 개

18

① ㉠: ⬚ 개, ㉡: ⬚ 개　앞에서 본 모양을 보고 알아봐요.

② ㉢: ⬚ 개, ㉣: ⬚ 개, ㉤: ⬚ 개

옆에서 본 모양을 보고 알아봐요.

③ 필요한 쌓기나무의 개수: ⬚ 개

✤ 쌓기나무 8개로 쌓은 모양을 위, 앞, 옆에서 본 모양입니다. 가능한 모양을 찾아 ○표 하세요.

19

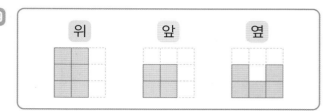

앞 → 　　 앞 → 　　 앞 →

(　) 　 (　) 　 (　)

20

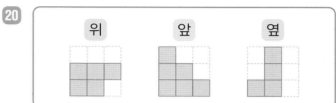

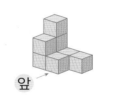 　 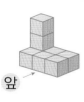 　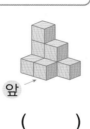

앞 → 　　 앞 → 　　 앞 →

(　) 　 (　) 　 (　)

문장제 + 연산

21 과일 가게에 크기가 같은 귤 상자가 쌓여 있습니다. 쌓여 있는 귤 상자는 몇 개일까요?

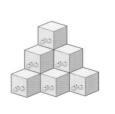

위에서 본 모양

1층　　2층　　3층

⬚ + ⬚ + ⬚ = ⬚

답 쌓여 있는 귤 상자는 ⬚ 개입니다.

3 단원 정답 12쪽

◆ 다람쥐가 지나간 칸에 있는 쌓기나무를 모두 사용하여 만들 수 있는 모양을 찾으려고 합니다. 쌓기나무로 쌓은 모양과 위에서 본 모양을 보고 만들 수 있는 모양의 기호를 쓰세요.

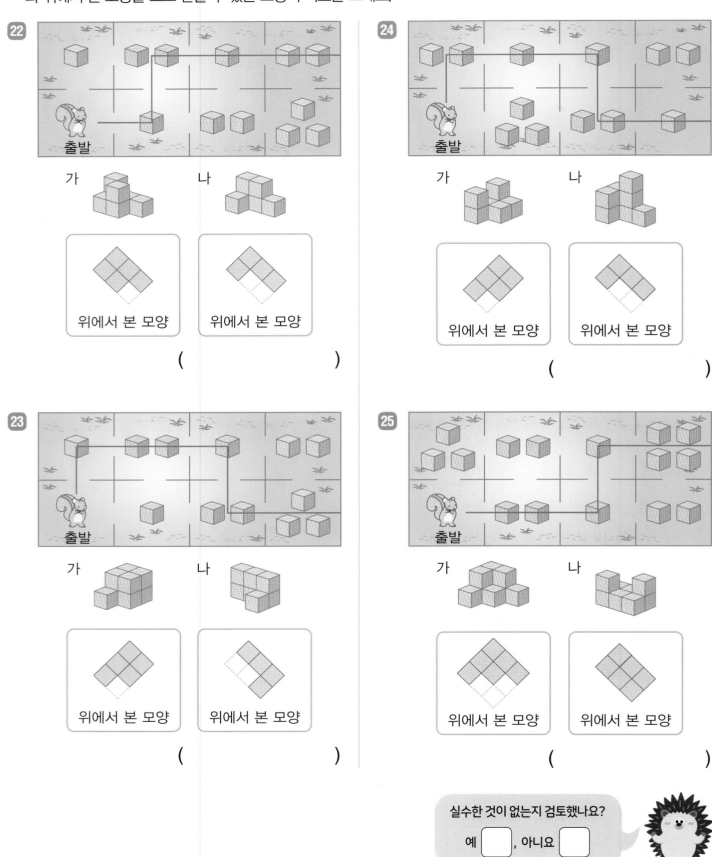

19회 개념 위에서 본 모양에 수를 쓴 것을 이용하기

위에서 본 모양의 각 자리에 쌓기나무가 각각 몇 개씩 쌓여 있는지 세어 수를 써넣습니다.

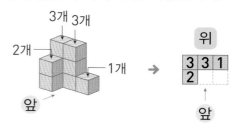

(쌓기나무의 개수)=3+3+1+2=9(개)
└ 각 자리에 쓰인 수를 더해요.

앞과 옆에서 본 모양을 그릴 때는 각 줄에서 가장 높은 층만큼 그립니다.

각 줄에서 가장 큰 수예요.

왼쪽에서부터 2층, 3층으로 그려요.

왼쪽에서부터 1층, 2층, 3층 으로 그려요.

◆ 위에서 본 모양에 수를 쓰고, 똑같이 쌓는 데 필요한 쌓기나무의 개수를 구하세요.

1
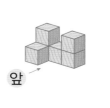

위
| 2 | ○ | ○ |
| 1 | | |

→ ☐ 개

↑ 앞

2
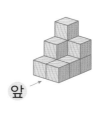

위
3	○
2	○
○	○

→ ☐ 개

↑ 앞

3
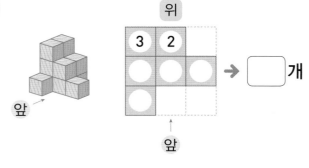

위
3	2	
○	○	○
○		

→ ☐ 개

↑ 앞

◆ 위에서 본 모양에 수를 쓴 것을 보고 앞에서 본 모양에는 '앞', 옆에서 본 모양에는 '옆'을 써넣으세요.

4
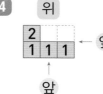

위
| 2 | | |
| 1 | 1 | 1 | ← 옆

↑ 앞

(   ) (   )

5
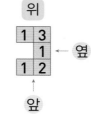

위

← 옆

↑ 앞

(   ) (   )

6
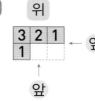

위
| 3 | 2 | 1 |
| 1 | | | ← 옆

↑ 앞

(   ) (   )

7
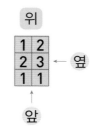

위
| 1 | 2 | |
| 2 | 3 | 1 |
| 1 | 1 | | ← 옆

↑ 앞

(   ) (   )

3 단원

정답 12쪽

◆ 위에서 본 모양에 수를 쓴 것을 보고 앞에서 본 모양과 옆에서 본 모양을 각각 그리세요.

8 위 　　앞 　　옆
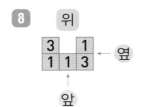

9 위 　　앞 　　옆
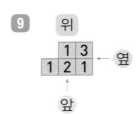
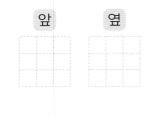

10 위 　　앞 　　옆
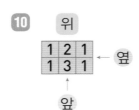

11 위 　　앞 　　옆
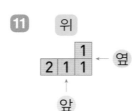

12 위 　　앞 　　옆
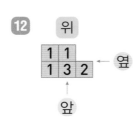

◆ 위에서 본 모양에 수를 쓴 것을 보고 앞에서 본 모양과 옆에서 본 모양을 각각 그리세요.

13 위 　　앞 　　옆
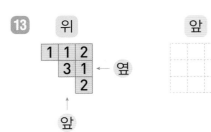

14 위 　　앞 　　옆
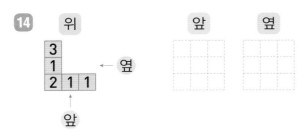

15 위 　　앞 　　옆
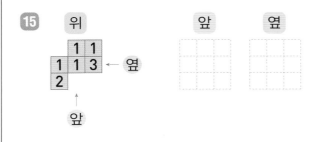

16 위 　　앞 　　옆
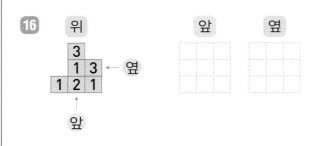

17 위 　　앞 　　옆
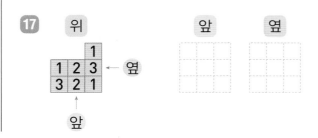

✦ 쌀기나무로 쌓은 모양을 보고 위에서 본 모양에 수를 썼습니다. 관계있는 것끼리 선으로 이으세요.

18

•   •   •

•   •   •

1	3	2
1	1	

3	2	1
3	1	

3	2	3
2	1	

19

•   •   •

3	2	1
2	1	2

2	2	3
1	2	1

2	3	2
2	2	1

20

•   •   •

2	2	3
3		2

2	3	2
1		3

3	3	2
2		1

21

•   •   •

3	2
3	1
1	1

2	3
2	2
1	2

3	3
2	1
1	2

✦ 쌀기나무로 쌓은 모양을 보고 위에서 본 모양에 수를 썼습니다. 앞에서 본 모양이 다른 하나를 찾아 ◯표 하세요.

22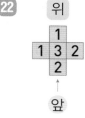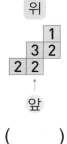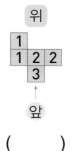

(   )   (   )   (   )

23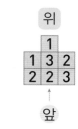

(   )   (   )   (   )

[문장제 + 연산]

24 위에서 본 모양에 수를 쓴 것을 보고 옆에서 본 모양을 바르게 그린 학생의 이름을 쓰세요.

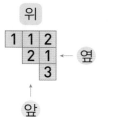 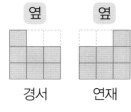

경서   연재

옆 에서 보았을 때 가장 큰 수는 왼쪽에서부터 3, ▢, ▢ 입니다.

경서: 왼쪽에서부터 ▢개, 2개, ▢개

연재: 왼쪽에서부터 ▢개, 2개, ▢개

답 바르게 그린 학생은 ▢ 입니다.

◆ 친구들이 쌓기나무로 쌓은 모양을 보고 위에서 본 모양에 수를 써서 나타낸 것입니다. 사용한 쌓기나무의 개수를 각각 구하고, 쌓기나무를 더 많이 사용한 친구의 이름을 쓰세요.

25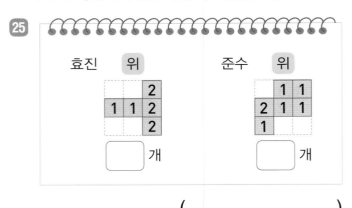

( )

28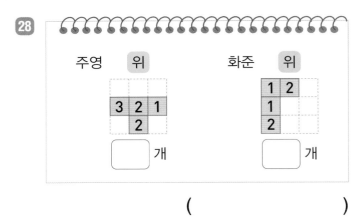

( )

26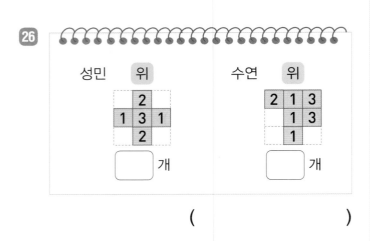

( )

29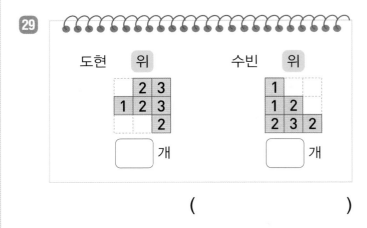

( )

27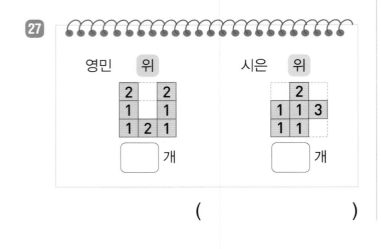

( )

30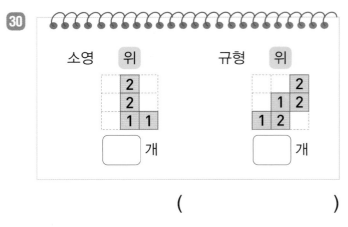

( )

실수한 것이 없는지 검토했나요?

예 [ ] , 아니요 [ ]

20회 개념 층별로 나타낸 모양을 보고 쌓기나무의 개수 구하기

앞 을 기준으로 층별로 나타낸 모양을 그립니다.

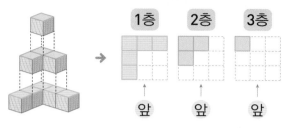

(쌓기나무의 개수)=5+3+1=9(개)

3층인 자리에 3을 쓰고, 남은 자리 중에서 2층인 자리에 2, 나머지 자리에 1을 씁니다.

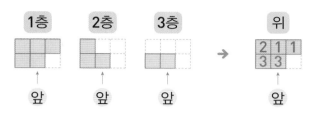

✦ 2층 모양을 그리고, 똑같이 쌓는 데 필요한 쌓기나무의 개수를 구하세요.

1

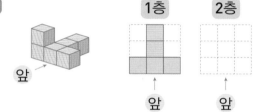

(쌓기나무의 개수)=5+□=□(개)

2

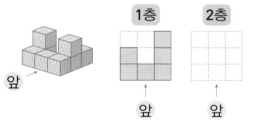

(쌓기나무의 개수)=6+□=□(개)

3

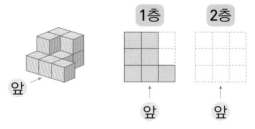

(쌓기나무의 개수)
=□+□=□(개)

✦ 위에서 본 모양에 각 자리에 쌓은 쌓기나무의 개수를 쓰세요.

4

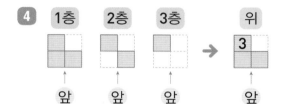

5

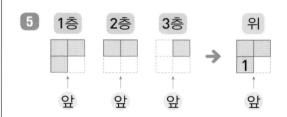

6

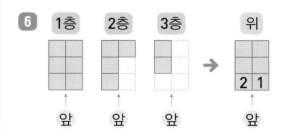

7

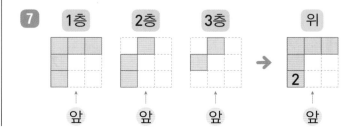

✦ 2층과 3층 모양을 각각 그리고, 똑같이 쌓는 데 필요한 쌓기나무의 개수를 구하세요.

8

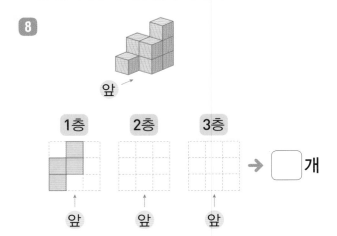

1층 2층 3층

→ ☐ 개

9

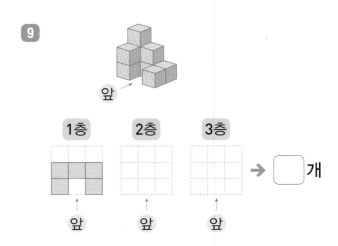

1층 2층 3층

→ ☐ 개

10

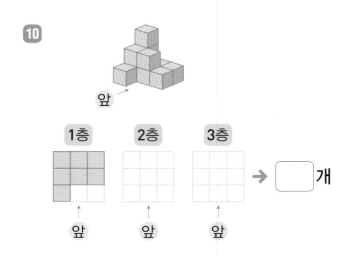

1층 2층 3층

→ ☐ 개

✦ 쌓기나무로 쌓은 모양을 층별로 나타낸 모양입니다. 쌓은 모양으로 알맞은 것을 찾아 기호를 쓰세요.

11

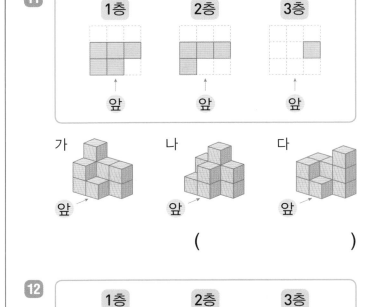

가 나 다

(   )

12

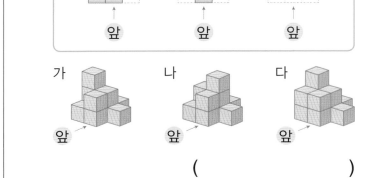

가 나 다

(   )

13

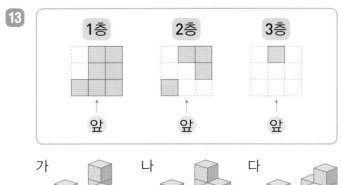

가 나 다

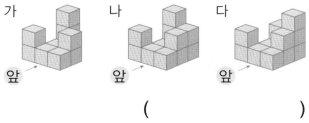

(   )

◆ 쌓기나무로 쌓은 모양을 층별로 나타낸 모양입니다. 위에서 본 모양을 그리고, 똑같이 쌓는 데 필요한 쌓기나무의 개수를 구하세요.

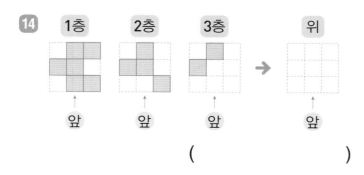

14

(   )

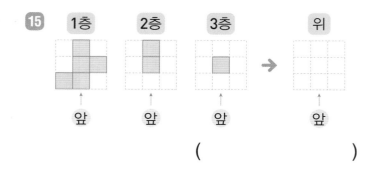

15

(   )

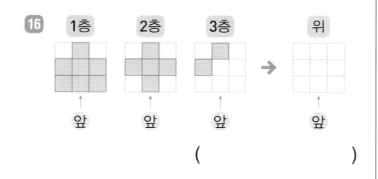

16

(   )

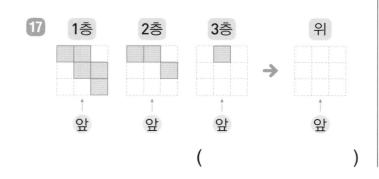

17

(   )

◆ 쌓기나무로 쌓은 모양을 보고 위에서 본 모양에 수를 썼습니다. 1층, 2층, 3층 모양을 각각 그리세요.

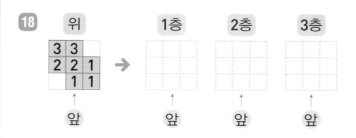

18

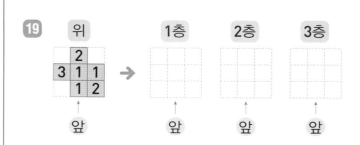

19

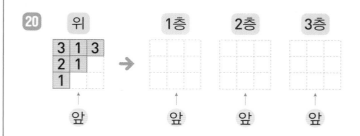

20

문장제 + 연산

21 지민이가 쌓기나무로 쌓은 모양을 층별로 나타낸 모양입니다. 똑같이 쌓는 데 필요한 쌓기나무는 몇 개일까요?

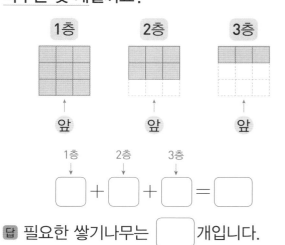

☐ + ☐ + ☐ = ☐
1층   2층   3층

답 필요한 쌓기나무는 ☐ 개입니다.

3
단원

정답
13쪽

수아와 친구들이 쌓기나무로 쌓은 모양을 그림으로 나타냈습니다. 1층 모양을 보고, 2층과 3층 모양으로 알맞은 그림을 그린 친구의 이름을 찾아 쓰세요.

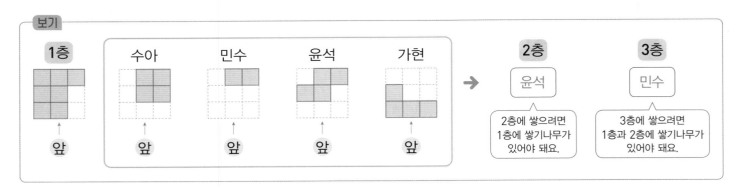

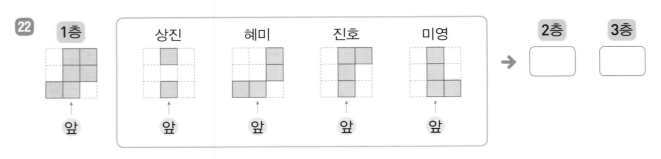

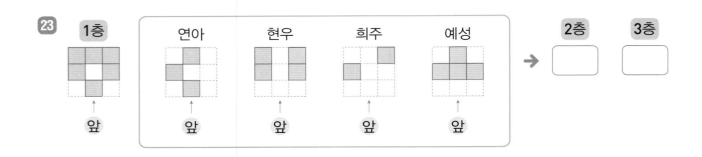

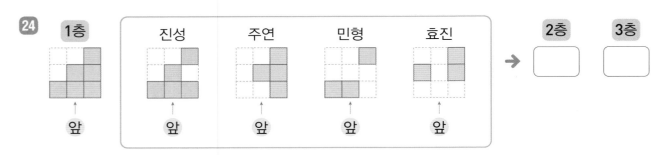

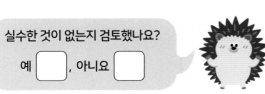

실수한 것이 없는지 검토했나요?
예 [ ] , 아니요 [ ]

21회 테스트 3. 공간과 입체

◆ 쌓기나무로 쌓은 모양을 보고 위, 앞, 옆에서 본 모양을 각각 찾아 '위', '앞', '옆'을 알맞게 써넣으세요.

1

위
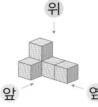
앞   옆

(   )   (   )   (   )

2

위
앞   옆

(   )   (   )   (   )

3

위
앞   옆

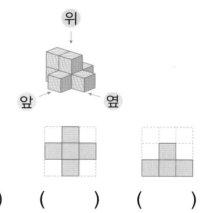

(   )   (   )   (   )

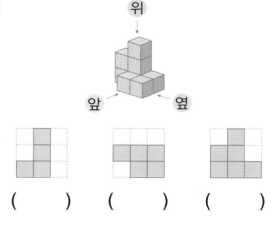

◆ 주어진 모양과 똑같이 쌓는 데 필요한 쌓기나무의 개수를 구하세요.

4

위에서 본 모양

(   )

5

위에서 본 모양

(   )

6

위에서 본 모양

(   )

7

위에서 본 모양

(   )

8

위에서 본 모양

(   )

3
단원

정답
14쪽

◆ 위에서 본 모양에 수를 쓴 것을 보고 앞에서 본 모양과 옆에서 본 모양을 각각 그리세요.

9 위

앞   옆

10 위
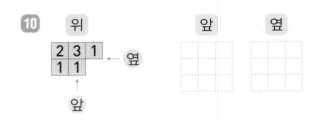
앞   옆

11 위
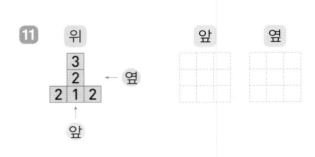
앞   옆

12 위
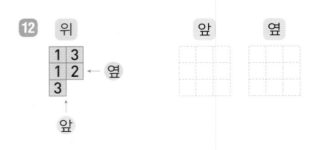
앞   옆

13 위
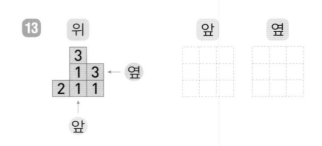
앞   옆

◆ 2층과 3층 모양을 각각 그리고, 똑같이 쌓는 데 필요한 쌓기나무의 개수를 구하세요.

14
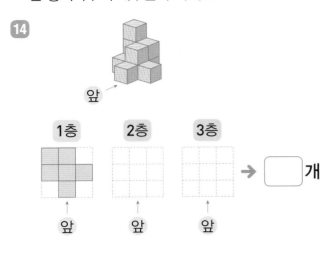
1층   2층   3층   → ☐ 개

15
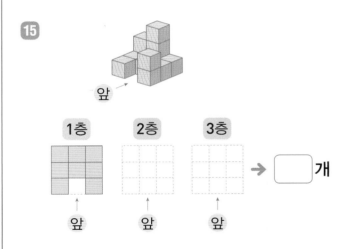
1층   2층   3층   → ☐ 개

16
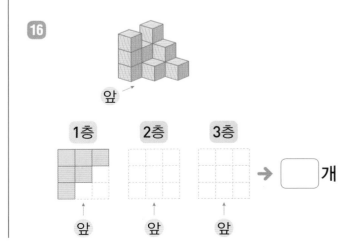
1층   2층   3층   → ☐ 개

♦ 쌓기나무로 쌓은 모양을 보고 위, 앞, 옆에서 본 모양을 각각 찾아 ☐ 안에 기호를 써넣으세요.

17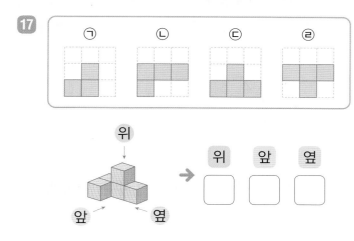

위	앞	옆
☐	☐	☐

18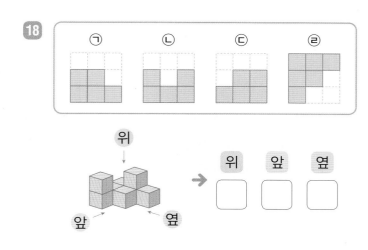

위	앞	옆
☐	☐	☐

19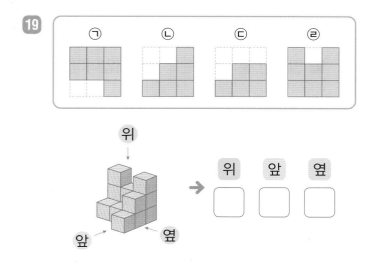

위	앞	옆
☐	☐	☐

♦ 쌓기나무로 쌓은 모양을 보고 위에서 본 모양에 수를 썼습니다. 관계있는 것끼리 선으로 이으세요.

20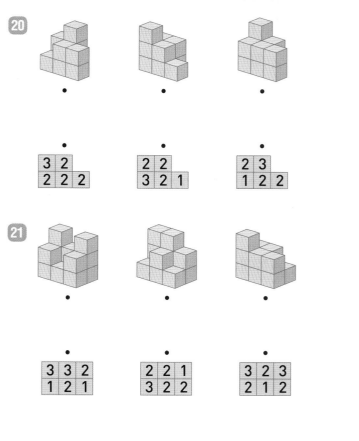

21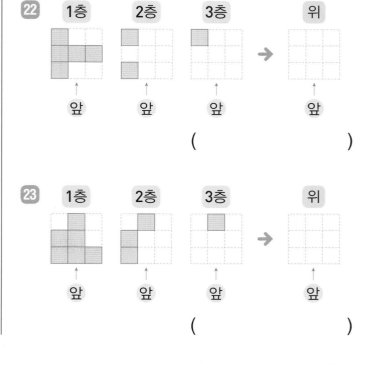

3
단원

정답
14쪽

♦ 쌓기나무로 쌓은 모양을 층별로 나타낸 모양입니다. 위에서 본 모양을 그리고, 똑같이 쌓는 데 필요한 쌓기나무의 개수를 구하세요.

22

1층	2층	3층	위
앞	앞	앞	앞

(   )

23

1층	2층	3층	위
앞	앞	앞	앞

(   )

♦ 문제를 읽고 답을 구하세요.

24 쌓기나무로 쌓은 모양과 위, 앞, 옆에서 본 모양입니다. 잘못 그린 것을 찾아보세요.

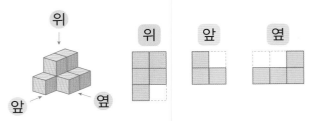

위 왼쪽에서부터 3개, ▢개

앞 왼쪽에서부터 2개, ▢개

옆 왼쪽에서부터 1개, ▢개, ▢개

답 잘못 그린 것은 (위 , 앞 , 옆)에서 본 모양입니다.

25 크기가 같은 고구마 상자를 쌓은 것입니다. 쌓은 고구마 상자는 몇 개일까요?

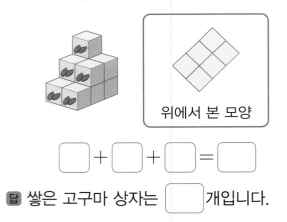

위에서 본 모양

▢ + ▢ + ▢ = ▢

답 쌓은 고구마 상자는 ▢개입니다.

♦ 문제를 읽고 답을 구하세요.

26 위에서 본 모양에 수를 쓴 것을 보고 옆에서 본 모양을 바르게 그린 학생의 이름을 쓰세요.

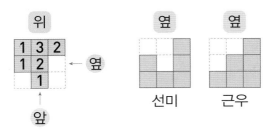

선미   근우

옆에서 보았을 때 가장 큰 수는 왼쪽에서부터 1, ▢, ▢입니다.

선미: 왼쪽에서부터 ▢개, ▢개, 3개

근우: 왼쪽에서부터 ▢개, ▢개, 3개

답 바르게 그린 학생은 ▢입니다.

27 석진이가 쌓기나무로 쌓은 모양을 층별로 나타낸 모양입니다. 똑같이 쌓는 데 필요한 쌓기나무는 몇 개일까요?

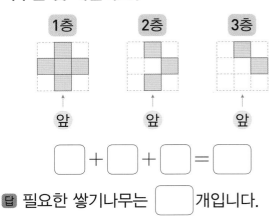

1층   2층   3층

앞   앞   앞

▢ + ▢ + ▢ = ▢

답 필요한 쌓기나무는 ▢개입니다.

• 3단원 테스트 후 맞힌 개수에 따라 아래와 같이 공부하세요.

맞힌 개수	0~18개	19~23개	24~27개
공부 방법	공간과 입체에 대한 이해가 부족해요. 17~20회를 다시 공부해요.	공간과 입체에 대해 이해는 하고 있으나 좀 더 연습이 필요해요.	실수하지 않도록 집중하여 틀린 문제를 확인해요.

4

비례식과 비례배분

4. 비례식과 비례배분

동영상 강의

22회 **1** **비의 성질**

비 ●：▲에서 기호 '：' 앞에 있는 ●를 전항, 뒤에 있는 ▲를 후항이라고 해요.

같은 수를 곱하기	같은 수로 나누기
전항과 후항에 각각 **2**를 곱합니다.	전항과 후항을 각각 **3**으로 나눕니다.

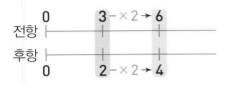

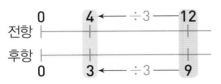

➔ **3 : 2**와 **6 : 4**의 비율은 같습니다.
$\frac{3}{2}$ $\frac{6}{4}\left(=\frac{3}{2}\right)$

➔ **12 : 9**와 **4 : 3**의 비율은 같습니다.
$\frac{12}{9}\left(=\frac{4}{3}\right)$ $\frac{4}{3}$

23~24회 **2** **소수, 분수의 비를 간단한 자연수의 비로 나타내기**

◆ 소수의 비를 간단한 자연수의 비로 나타내기
0.4 : 0.7 ➔ **(0.4×10) : (0.7×10)** ➔ **4 : 7**

◆ 분수의 비를 간단한 자연수의 비로 나타내기
$\frac{2}{3} : \frac{1}{5}$ ➔ $\left(\frac{2}{3}×15\right) : \left(\frac{1}{5}×15\right)$ ➔ **10 : 3**

25~26회 **3** **비례식**

비례식에서 외항의 곱과 내항의 곱은 항상 같아요.

◆ **비례식**: 비율이 같은 두 비를 기호 '**＝**'를 사용하여 나타낸 식
◆ **비례식의 성질**

외항
2 : 3 ＝ 4 : 6
내항

┌ (외항의 곱)＝2×6＝**12**
└ (내항의 곱)＝3×4＝**12**
➔ 외항의 곱과 내항의 곱이 **12**로 같습니다.

27회 **4** **비례배분**

◆ **비례배분**: 전체를 주어진 비로 배분하는 것

형서와 수지가 사탕 12개를 1：2로 나누어 가졌어요.

1 : **2**

형서 수지

형서: $12×\frac{1}{1+2}=$**4**(개) 수지: $12×\frac{2}{1+2}=$**8**(개)

22회 개념 비의 성질

비의 전항과 후항에 0이 아닌 같은 수를 곱하여도 비율은 같습니다.

전항 ┌ 후항

$$3 : 4 \rightarrow 비율: \frac{3}{4}$$

$\times 2 \quad \times 2$

$$6 : 8 \rightarrow 비율: \frac{6}{8}\left(=\frac{3}{4}\right)$$

비율이 같아요.

비의 전항과 후항을 0이 아닌 같은 수로 나누어도 비율은 같습니다.

전항 ┌ 후항

$$6 : 9 \rightarrow 비율: \frac{6}{9}\left(=\frac{2}{3}\right)$$

$\div 3 \quad \div 3$

$$2 : 3 \rightarrow 비율: \frac{2}{3}$$

비율이 같아요.

➕ 비의 전항과 후항에 0이 아닌 같은 수를 곱하여 비율이 같은 비를 만들어 보세요.

1
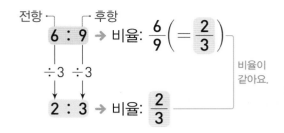
× 3
3 : 2 → □ : □
× □

2
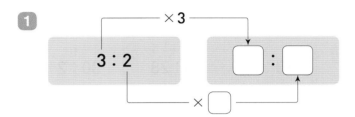
× □
4 : 5 → □ : □
× 6

3
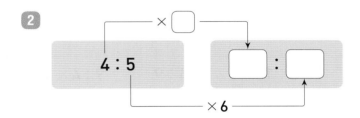
× 4
8 : 7 → □ : □
× □

4
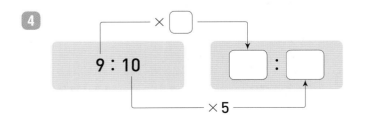
× □
9 : 10 → □ : □
× 5

➕ 비의 전항과 후항을 0이 아닌 같은 수로 나누어 비율이 같은 비를 만들어 보세요.

5
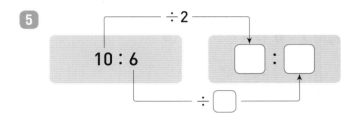
÷ 2
10 : 6 → □ : □
÷ □

6
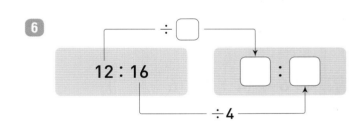
÷ □
12 : 16 → □ : □
÷ 4

7
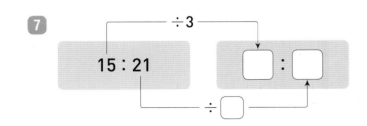
÷ 3
15 : 21 → □ : □
÷ □

8
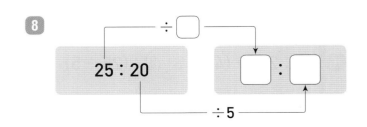
÷ □
25 : 20 → □ : □
÷ 5

4
단원

정답
14쪽

◆ ☐ 안에 알맞은 수를 써넣으세요.

9 $1 : 3 \rightarrow (1 \times 4) : (3 \times \boxed{})$

$\rightarrow \boxed{} : \boxed{}$

실수 방지 비의 전항과 후항에 다른 수를 곱하면 안 돼요.

10 $4 : 9 \rightarrow (4 \times \boxed{}) : (9 \times 2)$

$\rightarrow \boxed{} : \boxed{}$

11 $7 : 6 \rightarrow (7 \times 5) : (6 \times \boxed{})$

$\rightarrow \boxed{} : \boxed{}$

12 $12 : 5 \rightarrow (12 \times \boxed{}) : (5 \times 3)$

$\rightarrow \boxed{} : \boxed{}$

13 $4 : 6 \rightarrow (4 \div 2) : (6 \div \boxed{})$

$\rightarrow \boxed{} : \boxed{}$

14 $15 : 12 \rightarrow (15 \div \boxed{}) : (12 \div 3)$

$\rightarrow \boxed{} : \boxed{}$

15 $30 : 42 \rightarrow (30 \div 6) : (42 \div \boxed{})$

$\rightarrow \boxed{} : \boxed{}$

16 $45 : 25 \rightarrow (45 \div \boxed{}) : (25 \div 5)$

$\rightarrow \boxed{} : \boxed{}$

◆ 비의 성질을 이용하여 주어진 비와 비율이 같은 비에 ◯표 하세요.

17 | 3 : 2 | 18 : 12 | 12 : 10 |

18 | 6 : 1 | 24 : 3 | 30 : 5 |

19 | 8 : 11 | 32 : 44 | 48 : 55 |

20 | 10 : 7 | 20 : 28 | 30 : 21 |

21 | 15 : 17 | 75 : 85 | 60 : 51 |

22 | 8 : 18 | 4 : 9 | 9 : 4 |

23 | 24 : 21 | 9 : 7 | 8 : 7 |

24 | 35 : 15 | 7 : 3 | 9 : 5 |

25 | 45 : 81 | 8 : 9 | 5 : 9 |

26 | 66 : 78 | 6 : 11 | 11 : 13 |

◆ 비의 성질을 이용하여 비율이 같은 비를 찾아 선으로 이으세요.

27
| 9 : 21 | • | • | 24 : 45 |

| 48 : 90 | • | • | 24 : 20 |

| 6 : 5 | • | • | 3 : 7 |

28
| 11 : 5 | • | • | 2 : 5 |

| 7 : 9 | • | • | 33 : 15 |

| 16 : 40 | • | • | 56 : 72 |

◆ 직사각형의 가로와 세로의 비가 주어진 비와 같은 것의 기호를 쓰세요.

29 **3 : 5**

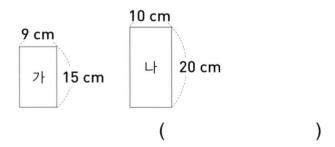

(   )

30 **7 : 6**

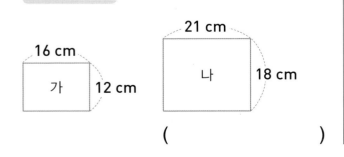

(   )

◆ 비의 성질을 이용하여 비율이 다른 비를 찾아 색칠하세요.

31
14 : 28	10 : 35
2 : 7	6 : 21

32
21 : 28	3 : 4
9 : 12	12 : 20

33
25 : 15	10 : 8
5 : 3	40 : 24

34
33 : 24	88 : 64
55 : 45	11 : 8

문장제 + 연산

35 준서는 태극기의 가로와 세로의 비가 3 : 2가 되도록 그리려고 합니다. 세로를 14 cm로 그렸을 때 가로는 몇 cm로 그려야 할까요?

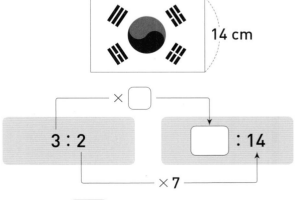

🔑 가로는 ☐ cm로 그려야 합니다.

◆ 직사각형 모양의 액자가 있습니다. 가로와 세로의 비율이 같은 액자를 모두 찾아 ○표 하세요.

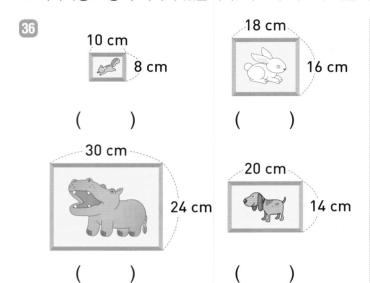

36

10 cm 8 cm

18 cm 16 cm

(   )

(   )

30 cm 24 cm

20 cm 14 cm

(   )

(   )

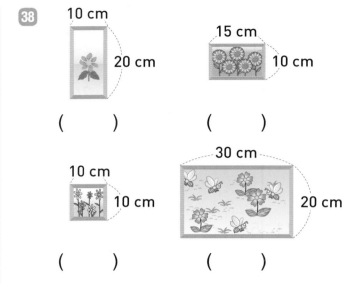

38

10 cm 20 cm

15 cm 10 cm

(   )

(   )

10 cm 10 cm

30 cm 20 cm

(   )

(   )

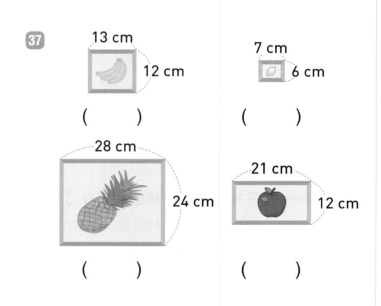

37

13 cm 12 cm

7 cm 6 cm

(   )

(   )

28 cm 24 cm

21 cm 12 cm

(   )

(   )

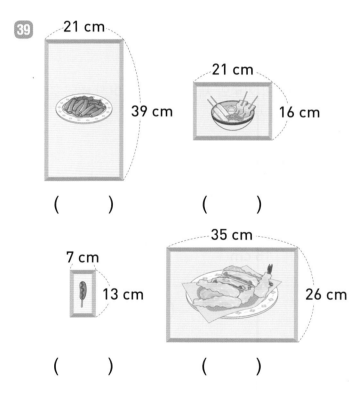

39

21 cm 39 cm

21 cm 16 cm

(   )

(   )

7 cm 13 cm

35 cm 26 cm

(   )

(   )

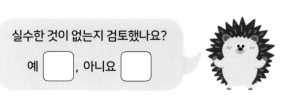

실수한 것이 없는지 검토했나요?

예 [   ] , 아니요 [   ]

23회 개념 소수, 분수의 비를 간단한 자연수의 비로 나타내기

소수의 비는 전항과 후항에 10, 100, 1000, …을 곱해 간단한 자연수의 비로 나타냅니다.

분수의 비는 전항과 후항에 두 분모의 최소공배수를 곱해 간단한 자연수의 비로 나타냅니다.

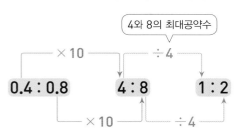

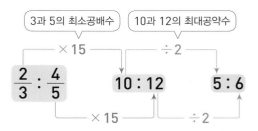

➡ 소수의 비를 가장 간단한 자연수의 비로 나타내세요.

1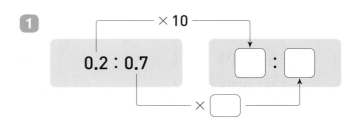

2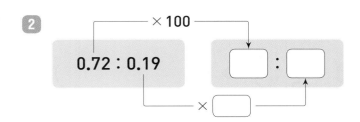

3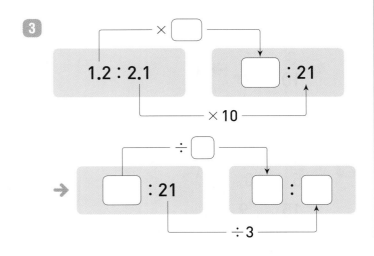

➡ 분수의 비를 가장 간단한 자연수의 비로 나타내세요.

4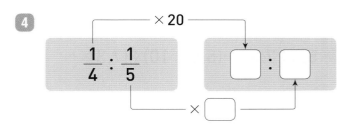

5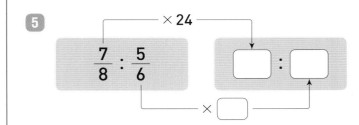

6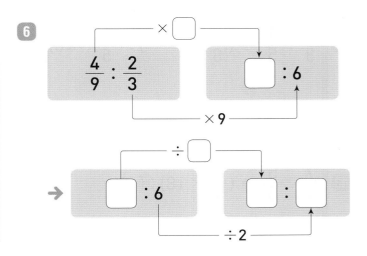

✚ ☐ 안에 알맞은 수를 써넣으세요.

7 $0.3 : 0.5 \rightarrow (0.3 \times 10) : (0.5 \times \boxed{})$

$\rightarrow \boxed{} : \boxed{}$

8 $3.4 : 2.3 \rightarrow (3.4 \times \boxed{}) : (2.3 \times 10)$

$\rightarrow \boxed{} : \boxed{}$

9 $5.5 : 7.3 \rightarrow (5.5 \times 10) : (7.3 \times \boxed{})$

$\rightarrow \boxed{} : \boxed{}$

10 $8.9 : 4.7 \rightarrow (8.9 \times \boxed{}) : (4.7 \times 10)$

$\rightarrow \boxed{} : \boxed{}$

11 $\dfrac{1}{4} : \dfrac{2}{3} \rightarrow (\dfrac{1}{4} \times 12) : (\dfrac{2}{3} \times \boxed{})$

$\rightarrow \boxed{} : \boxed{}$

12 $\dfrac{3}{8} : \dfrac{1}{5} \rightarrow (\dfrac{3}{8} \times \boxed{}) : (\dfrac{1}{5} \times 40)$

$\rightarrow \boxed{} : \boxed{}$

13 $\dfrac{7}{9} : \dfrac{5}{6} \rightarrow (\dfrac{7}{9} \times 18) : (\dfrac{5}{6} \times \boxed{})$

$\rightarrow \boxed{} : \boxed{}$

✚ 주어진 비를 가장 간단한 자연수의 비로 나타내세요.

14 ① $1.5 : 0.7 \rightarrow ($ $)$

② $1.5 : 3.2 \rightarrow ($ $)$

실수 방지 자연수의 비로 나타낸 후 두 항의 최대공약수로 나눌 수 있는지 확인해요.

15 ① $4.2 : 3.5 \rightarrow ($ $)$

② $4.2 : 8.4 \rightarrow ($ $)$

16 ① $0.56 : 0.21 \rightarrow ($ $)$

② $0.56 : 0.84 \rightarrow ($ $)$

17 ① $1.05 : 1.65 \rightarrow ($ $)$

② $1.05 : 2.15 \rightarrow ($ $)$

18 ① $\dfrac{2}{5} : \dfrac{1}{2} \rightarrow ($ $)$

② $\dfrac{5}{6} : \dfrac{1}{2} \rightarrow ($ $)$

19 ① $\dfrac{5}{9} : \dfrac{4}{7} \rightarrow ($ $)$

② $\dfrac{3}{10} : \dfrac{4}{7} \rightarrow ($ $)$

20 ① $\dfrac{3}{5} : \dfrac{9}{10} \rightarrow ($ $)$

② $\dfrac{15}{16} : \dfrac{9}{10} \rightarrow ($ $)$

✦ 소수의 비를 가장 간단한 자연수의 비로 나타내어 빈 칸에 써넣으세요.

21 0.7 : 2.8 ⟶ ☐

22 5.4 : 1.2 ⟶ ☐

23 0.36 : 0.54 ⟶ ☐

24 1.45 : 0.85 ⟶ ☐

✦ 분수의 비를 가장 간단한 자연수의 비로 나타내어 빈 칸에 써넣으세요.

25 $\dfrac{2}{5} : \dfrac{7}{15}$ ☐

26 $\dfrac{10}{21} : \dfrac{5}{14}$ ☐

27 $2\dfrac{1}{8} : 1\dfrac{5}{12}$ ☐

> 비에서 대분수는 먼저 가분수로 바꿔야 해요.

28 $5\dfrac{1}{3} : 6\dfrac{2}{5}$ ☐

✦ 비를 가장 간단한 자연수의 비로 잘못 나타낸 것의 기호를 쓰세요.

29
㉠ 0.5 : 1.2 ➡ 5 : 12
㉡ $\dfrac{1}{4} : \dfrac{3}{10}$ ➡ 2 : 5
☐

30
㉠ $\dfrac{5}{6} : \dfrac{3}{8}$ ➡ 10 : 9
㉡ 8.8 : 4.8 ➡ 11 : 6
☐

31
㉠ $3\dfrac{3}{4} : 5\dfrac{5}{8}$ ➡ 2 : 3
㉡ 1.04 : 0.72 ➡ 9 : 13
☐

32
㉠ 1.08 : 1.68 ➡ 5 : 7
㉡ $2\dfrac{1}{4} : 1\dfrac{1}{5}$ ➡ 15 : 8
☐

4
단원

정답
15쪽

📁 문장제 + 연산

33 수호의 몸무게는 [35.5 kg]이고, 형의 몸무게는 [45.5 kg]입니다. 수호와 형의 몸무게의 비를 가장 간단한 자연수의 비로 나타내세요.

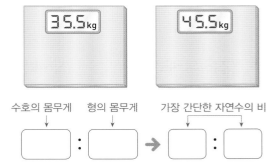

수호의 몸무게   형의 몸무게   가장 간단한 자연수의 비
☐ : ☐ ➡ ☐ : ☐

답 몸무게의 비를 가장 간단한 자연수의 비로 나타내면 ☐ : ☐ 입니다.

거리의 비를 가장 간단한 자연수의 비로 나타내세요.

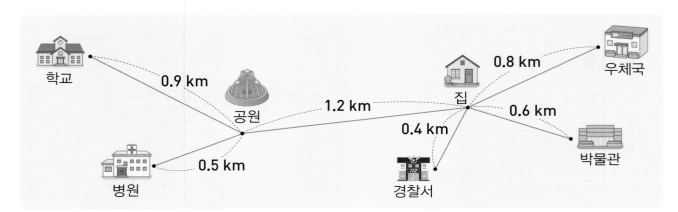

34 | 공원~학교 : 공원~병원

→ ◻ : ◻

35 | 공원~학교 : 공원~집

→ ◻ : ◻

36 | 공원~병원 : 공원~집

→ ◻ : ◻

37 | 집~우체국 : 집~박물관

→ ◻ : ◻

38 | 집~경찰서 : 집~박물관

→ ◻ : ◻

39 | 집~공원 : 집~우체국

→ ◻ : ◻

40 | 집~박물관 : 집~공원

→ ◻ : ◻

41 | 집~공원 : 집~경찰서

→ ◻ : ◻

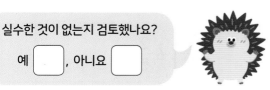

실수한 것이 없는지 검토했나요?

예 ◻ , 아니요 ◻

24회 개념 소수와 분수의 비를 간단한 자연수의 비로 나타내기

분수를 소수로 바꾸어 간단한 자연수의 비로 나타 냅니다.

분수를 소수로 바꿔요.

$$0.7 : \frac{1}{5} \rightarrow 0.7 : 0.2$$

소수 한 자리 수이므로 10을 곱해요.

$$\rightarrow (0.7 \times 10) : (0.2 \times 10)$$

$$\rightarrow 7 : 2$$

소수를 분수로 바꾸어 간단한 자연수의 비로 나타 냅니다.

소수를 분수로 바꿔요.

$$0.7 : \frac{1}{5} \rightarrow \frac{7}{10} : \frac{1}{5}$$

두 분모 10과 5의 최소공배수인 10을 곱해요.

$$\rightarrow \left(\frac{7}{10} \times 10\right) : \left(\frac{1}{5} \times 10\right)$$

$$\rightarrow 7 : 2$$

✦ 분수를 소수로 바꾸어 가장 간단한 자연수의 비로 나 타내세요.

1 $0.2 : \frac{1}{2}$

$$\rightarrow 0.2 : \boxed{}$$

$$\rightarrow (0.2 \times 10) : (\boxed{} \times \boxed{})$$

$$\rightarrow \boxed{} : \boxed{}$$

2 $0.5 : \frac{9}{10}$

$$\rightarrow 0.5 : \boxed{}$$

$$\rightarrow (0.5 \times 10) : (\boxed{} \times \boxed{})$$

$$\rightarrow \boxed{} : \boxed{}$$

3 $0.64 : \frac{3}{4}$

$$\rightarrow 0.64 : \boxed{}$$

$$\rightarrow (0.64 \times 100) : (\boxed{} \times \boxed{})$$

$$\rightarrow \boxed{} : \boxed{}$$

✦ 소수를 분수로 바꾸어 가장 간단한 자연수의 비로 나 타내세요.

4 $0.3 : \frac{4}{5}$

$$\rightarrow \frac{\boxed{}}{\boxed{}} : \frac{4}{5}$$

$$\rightarrow \left(\frac{\boxed{}}{\boxed{}} \times \boxed{}\right) : \left(\frac{4}{5} \times 10\right)$$

$$\rightarrow \boxed{} : \boxed{}$$

5 $0.97 : \frac{3}{10}$

$$\rightarrow \frac{\boxed{}}{\boxed{}} : \frac{3}{10}$$

$$\rightarrow \left(\frac{\boxed{}}{\boxed{}} \times \boxed{}\right) : \left(\frac{3}{10} \times 100\right)$$

$$\rightarrow \boxed{} : \boxed{}$$

정답 15쪽

✦ 분수를 소수로 바꾸어 가장 간단한 자연수의 비로 나타내세요.

6 ① $0.3 : \dfrac{1}{2}$ → (   )

② $0.3 : \dfrac{2}{5}$ → (   )

실수 방지 소수 한 자리 수와 소수 두 자리 수가 함께 있을 때는 각각 100을 곱해요.

7 ① $0.5 : \dfrac{1}{4}$ → (   )

② $0.5 : \dfrac{7}{50}$ → (   )

8 ① $0.8 : \dfrac{9}{10}$ → (   )

② $0.8 : \dfrac{3}{20}$ → (   )

9 ① $2.4 : \dfrac{3}{5}$ → (   )

② $2.4 : \dfrac{7}{10}$ → (   )

10 ① $0.25 : \dfrac{11}{25}$ → (   )

② $0.25 : \dfrac{37}{100}$ → (   )

11 ① $1.75 : 1\dfrac{3}{10}$ → (   )

② $1.75 : 2\dfrac{3}{4}$ → (   )

✦ 소수를 분수로 바꾸어 가장 간단한 자연수의 비로 나타내세요.

12 ① $0.2 : \dfrac{1}{2}$ → (   )

② $2.5 : \dfrac{1}{2}$ → (   )

13 ① $0.6 : \dfrac{3}{4}$ → (   )

② $0.9 : \dfrac{3}{4}$ → (   )

14 ① $0.5 : \dfrac{2}{5}$ → (   )

② $1.1 : \dfrac{2}{5}$ → (   )

15 ① $0.4 : \dfrac{4}{7}$ → (   )

② $1.8 : \dfrac{4}{7}$ → (   )

16 ① $1.7 : 1\dfrac{9}{10}$ → (   )

② $4.2 : 1\dfrac{9}{10}$ → (   )

17 ① $0.75 : 2\dfrac{1}{5}$ → (   )

② $1.25 : 2\dfrac{1}{5}$ → (   )

➕ 관계있는 것끼리 선으로 이으세요.

18

$0.8 : 1\frac{1}{5}$ •

$1\frac{1}{6} : 3.5$ •

$1.5 : 1\frac{3}{8}$ •

• $12 : 11$

• $2 : 3$

• $1 : 3$

19

$\frac{1}{2} : 1.2$ •

$1.6 : 1\frac{1}{4}$ •

$3\frac{1}{3} : 2.4$ •

• $32 : 25$

• $25 : 18$

• $5 : 12$

➕ 평행사변형의 밑변의 길이와 높이의 비가 주어진 비와 같은 것에 ◯표 하세요.

20

2 : 3

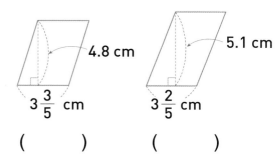

(   )   (   )

21

4 : 3

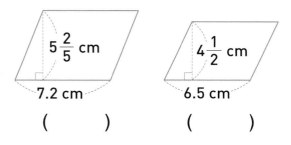

(   )   (   )

➕ 동물의 무게의 비를 가장 간단한 자연수의 비로 나타내세요.

22

고양이	강아지
$3\frac{3}{5}$ kg	5.4 kg

고양이 : 강아지

→ ☐ : ☐

23

토끼	다람쥐
2.5 kg	$1\frac{1}{4}$ kg

토끼 : 다람쥐

→ ☐ : ☐

24

독수리	닭
$4\frac{1}{2}$ kg	1.5 kg

독수리 : 닭

→ ☐ : ☐

📖 문장제 + 연산

25 현수와 미애가 같은 책을 읽었습니다. 현수는 전체의 0.25 를 읽었고, 미애는 전체의 $\frac{1}{7}$ 을 읽었습니다. 현수와 미애가 <u>읽은 책의 양의 비를 가장 간단한 자연수의 비로 나타내세요.</u>

과학

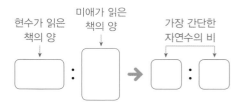

현수가 읽은 책의 양   미애가 읽은 책의 양   가장 간단한 자연수의 비

☐ : ☐ → ☐ : ☐

📝 읽은 책의 양의 비를 가장 간단한 자연수의 비로 나타내면 ☐ : ☐ 입니다.

4 단원

정답 15쪽

두 건물의 높이의 비를 가장 간단한 자연수의 비로 나타내세요.

26
5.6 m 가
$6\frac{2}{5}$ m 나

가 : 나 → ☐ : ☐

29
$9\frac{1}{4}$ m 가
8.5 m 나

나 : 가 → ☐ : ☐

27
14.7 m 가
$12\frac{9}{10}$ m 나

가 : 나 → ☐ : ☐

30
11.6 m 가
$12\frac{4}{5}$ m 나

나 : 가 → ☐ : ☐

28
$8\frac{1}{2}$ m 가
7.5 m 나

가 : 나 → ☐ : ☐

31
$9\frac{1}{10}$ m 가
6.3 m 나

나 : 가 → ☐ : ☐

실수한 것이 없는지 검토했나요?

예 ☐ , 아니요 ☐

25회 개념 비례식

비율이 같은 두 비를 기호 '='를 사용하여 나타낸 식을 비례식이라고 합니다.

2 : 3의 비율 → $\dfrac{2}{3}$

6 : 9의 비율 → $\dfrac{6}{9}\left(=\dfrac{2}{3}\right)$

비율이 같아요.

비례식 2 : 3 = 6 : 9

비례식에서 바깥쪽에 있는 4와 9를 외항, 안쪽에 있는 3과 12를 내항이라고 합니다.

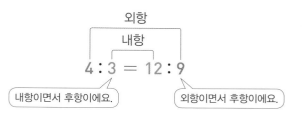

외항

내항

4 : 3 = 12 : 9

내항이면서 후항이에요.   외항이면서 후항이에요.

✦ 비례식인지, 비례식이 아닌지 알아보세요.

1 4 : 5 = 8 : 10

① 4 : 5의 비율 → $\dfrac{\boxed{}}{5}$

② 8 : 10의 비율 → $\dfrac{\boxed{}}{10}\left(=\dfrac{\boxed{}}{5}\right)$

③ (비례식입니다 , 비례식이 아닙니다).

2 6 : 11 = 18 : 22

① 6 : 11의 비율 → $\dfrac{\boxed{}}{11}$

② 18 : 22의 비율 → $\dfrac{\boxed{}}{22}\left(=\dfrac{\boxed{}}{11}\right)$

③ (비례식입니다 , 비례식이 아닙니다).

3 9 : 18 = 1 : 2

① 9 : 18의 비율 → $\dfrac{\boxed{}}{18}\left(=\dfrac{\boxed{}}{2}\right)$

② 1 : 2의 비율 → $\dfrac{\boxed{}}{2}$

③ (비례식입니다 , 비례식이 아닙니다).

✦ 비례식을 보고 ☐ 안에 알맞은 수를 써넣으세요.

4 3 : 7 = 6 : 14

① 외항인 두 수 → ☐ , ☐

② 외항이면서 전항인 수 → ☐

5 5 : 2 = 20 : 8

① 내항인 두 수 → ☐ , ☐

② 내항이면서 후항인 수 → ☐

6 16 : 12 = 4 : 3

① 외항인 두 수 → ☐ , ☐

② 외항이면서 전항인 수 → ☐

7 25 : 15 = 5 : 3

① 내항인 두 수 → ☐ , ☐

② 내항이면서 후항인 수 → ☐

◆ 주어진 비와 비율이 같은 비를 찾아 비례식으로 나타내세요.

8

| 6 : 9 | 8 : 12 | 9 : 12 |

$$\boxed{} : \boxed{} = 3 : 4$$

실수 방지 비율이 같은지 확인할 때는 각각의 비율을 기약분수로 나타내서 비교해요.

9

| 20 : 21 | 20 : 28 | 25 : 28 |

$$\boxed{} : \boxed{} = 5 : 7$$

10

| 35 : 8 | 42 : 14 | 42 : 12 |

$$\boxed{} : \boxed{} = 7 : 2$$

11

| 48 : 54 | 48 : 36 | 56 : 72 |

$$\boxed{} : \boxed{} = 8 : 9$$

12

| 63 : 36 | 72 : 28 | 81 : 36 |

$$\boxed{} : \boxed{} = 9 : 4$$

13

| 44 : 12 | 44 : 24 | 33 : 24 |

$$\boxed{} : \boxed{} = 11 : 6$$

◆ 주어진 비와 비율이 같은 비를 찾아 비례식으로 나타내세요.

14

| 2 : 5 | 2 : 7 | 7 : 2 |

$$4 : 14 = \boxed{} : \boxed{}$$

15

| 5 : 3 | 3 : 5 | 5 : 4 |

$$15 : 9 = \boxed{} : \boxed{}$$

16

| 12 : 13 | 4 : 13 | 6 : 13 |

$$24 : 52 = \boxed{} : \boxed{}$$

17

| 10 : 11 | 20 : 33 | 5 : 11 |

$$40 : 88 = \boxed{} : \boxed{}$$

18

| 13 : 18 | 18 : 13 | 3 : 2 |

$$54 : 39 = \boxed{} : \boxed{}$$

19

| 12 : 5 | 5 : 12 | 20 : 10 |

$$60 : 25 = \boxed{} : \boxed{}$$

✦ 설명에 맞는 비례식을 모두 찾아 ○표 하세요.

20 외항은 1과 8이고, 내항은 2와 4입니다.

$1:2=4:8$ $2:4=1:8$

$1:2=8:4$ $8:4=2:1$

21 외항은 3과 20이고, 내항은 5와 12입니다.

$5:3=12:20$ $3:5=12:20$

$20:5=12:3$ $20:3=12:5$

22 외항은 9와 21이고, 내항은 7과 27입니다.

$21:7=9:27$ $9:7=27:21$

$7:9=27:21$ $21:27=7:9$

✦ 주어진 비율이 되도록 비례식을 완성하세요.

23 $\dfrac{2}{3}$ $4:\boxed{}=10:\boxed{}$

24 $\dfrac{3}{4}$ $\boxed{}:12=\boxed{}:20$

25 $\dfrac{3}{5}$ $\boxed{}:15=21:\boxed{}$

26 $\dfrac{5}{9}$ $20:\boxed{}=\boxed{}:81$

✦ 비율이 같은 두 비를 찾아 비례식으로 나타내세요.

27 $7:9$ $6:7$ $54:63$

$\boxed{}:\boxed{}=\boxed{}:\boxed{}$

28 $13:9$ $13:8$ $39:27$

$\boxed{}:\boxed{}=\boxed{}:\boxed{}$

29 $28:77$ $35:84$ $5:12$

$\boxed{}:\boxed{}=\boxed{}:\boxed{}$

문장제 + 연산

30 지영이는 세로 대 가로의 비율이 $\dfrac{5}{8}$인 색종이를 가지고 있습니다. 가와 나 색종이 중 지영이가 가지고 있는 색종이의 기호를 쓰세요.

가 20 cm 32 cm

나 12 cm 24 cm

가 $20:\boxed{}$의 비율 → $\dfrac{20}{\boxed{}}=\boxed{}$

나 $\boxed{}:24$의 비율 → $\dfrac{\boxed{}}{24}=\boxed{}$

기약분수

답 지영이가 가지고 있는 색종이는 $\boxed{}$입니다.

4 단원

정답 16쪽

주어진 비례식에서 ♥에 알맞은 비를 따라 선으로 이으세요.

31

12 : 21

출발 → 8 : 12 → ♥ = 2 : 3

10 : 12

32

4 : 10

출발 → 24 : 50 → ♥ = 8 : 20

16 : 30

33

1 : 3

출발 → 18 : 24 → ♥ = 6 : 12

18 : 36

34

24 : 18

출발 → 32 : 30 → 8 : 6 = ♥

3 : 4

35

21 : 20

출발 → 28 : 30 → 7 : 5 = ♥

35 : 25

36

80 : 150

출발 → 4 : 10 → 20 : 50 = ♥

40 : 80

실수한 것이 없는지 검토했나요?

예 □ , 아니요 □

26회 개념 비례식의 성질

비례식에서 외항의 곱과 내항의 곱은 같습니다.

$$3 \times 15 = 45 \longrightarrow \text{외항의 곱}$$
$$3 : 5 = 9 : 15$$
$$5 \times 9 = 45 \longrightarrow \text{내항의 곱}$$

→ 외항의 곱과 내항의 곱이 **45**로 같습니다.

비례식에서 외항의 곱과 내항의 곱이 같은 성질을 이용하여 ★에 알맞은 수를 구합니다.

$$2 : 3 = 6 : ★$$

(외항의 곱)= **2 × ★**, (내항의 곱)= $3 \times 6 =$ **18**
→ 2 × ★ = 18, ★ = 9

◆ 외항의 곱과 내항의 곱을 각각 구하여 비례식인지, 비례식이 아닌지 알아보세요.

1 $4 \times 6 = \boxed{}$

$$4 : 3 = 8 : 6$$

$3 \times 8 = \boxed{}$

→ (비례식입니다 , 비례식이 아닙니다).

2 $7 \times 14 = \boxed{}$

$$7 : 5 = 21 : 14$$

$5 \times 21 = \boxed{}$

→ (비례식입니다 , 비례식이 아닙니다).

3 $15 \times 5 = \boxed{}$

$$15 : 20 = 3 : 5$$

$20 \times 3 = \boxed{}$

→ (비례식입니다 , 비례식이 아닙니다).

4 $24 \times 2 = \boxed{}$

$$24 : 16 = 3 : 2$$

$16 \times 3 = \boxed{}$

→ (비례식입니다 , 비례식이 아닙니다).

◆ 비례식의 성질을 이용하여 ■에 알맞은 수를 구하려고 합니다. ☐ 안에 알맞은 수를 써넣으세요.

5 $3 : 5 = ■ : 10$

(외항의 곱)= $3 \times \boxed{} = \boxed{}$

(내항의 곱)= $\boxed{} \times ■ = \boxed{}$

→ ■ = $\boxed{}$

6 $8 : 7 = 24 : ■$

(내항의 곱)= $\boxed{} \times 24 = \boxed{}$

(외항의 곱)= $\boxed{} \times ■ = \boxed{}$

→ ■ = $\boxed{}$

7 $10 : ■ = 5 : 6$

(외항의 곱)= $10 \times \boxed{} = \boxed{}$

(내항의 곱)= $■ \times \boxed{} = \boxed{}$

→ ■ = $\boxed{}$

◆ 비례식의 성질을 이용하여 ☐ 안에 알맞은 수를 써넣으세요.

8 ① $1 : 4 = 3 : \boxed{}$

② $1 : 4 = \boxed{} : 36$

실수 방지 외항의 곱 또는 내항의 곱 중 구할 수 있는 곱을 먼저 구한 후 ☐를 구해요.

9 ① $2 : 9 = \boxed{} : 36$

② $2 : 9 = 14 : \boxed{}$

10 ① $7 : 3 = 42 : \boxed{}$

② $7 : 3 = \boxed{} : 30$

11 ① $15 : 11 = 30 : \boxed{}$

② $15 : 11 = \boxed{} : 44$

12 ① $32 : 40 = \boxed{} : 5$

② $32 : 40 = 16 : \boxed{}$

13 ① $72 : 24 = \boxed{} : 1$

② $72 : 24 = 12 : \boxed{}$

14 ① $100 : 50 = 4 : \boxed{}$

② $100 : 50 = \boxed{} : 5$

◆ 비례식의 성질을 이용하여 ☐ 안에 알맞은 수를 써넣으세요.

15 ① $\boxed{} : 10 = 3 : 6$

② $7 : \boxed{} = 3 : 6$

16 ① $6 : \boxed{} = 4 : 10$

② $\boxed{} : 25 = 4 : 10$

17 ① $8 : \boxed{} = 12 : 9$

② $\boxed{} : 15 = 12 : 9$

18 ① $\boxed{} : 4 = 18 : 6$

② $27 : \boxed{} = 18 : 6$

19 ① $\boxed{} : 6 = 20 : 8$

② $25 : \boxed{} = 20 : 8$

20 ① $20 : \boxed{} = 24 : 6$

② $\boxed{} : 7 = 24 : 6$

21 ① $\boxed{} : 9 = 40 : 60$

② $14 : \boxed{} = 40 : 60$

◆ 비례식에서 외항의 곱과 내항의 곱을 각각 구하고, 비례식이 옳으면 ○표, 틀리면 ×표 하세요.

22
$$7 : 4 = 21 : 12$$

외항의 곱	내항의 곱

→ (   )

23
$$16 : 12 = 5 : 4$$

외항의 곱	내항의 곱

→ (   )

24
$$27 : 18 = 3 : 2$$

외항의 곱	내항의 곱

→ (   )

◆ 옳은 비례식에 색칠하세요.

25
$5 : 11 = 20 : 40$	$0.4 : 0.3 = 20 : 15$

26
$1.2 : 6 = 8 : 40$	$0.5 : 1.5 = 10 : 20$

27
$\dfrac{1}{2} : \dfrac{1}{3} = 3 : 2$	$5 : 8 = 10 : 12$

28
$20 : 30 = 3 : 2$	$\dfrac{1}{5} : \dfrac{5}{9} = 9 : 25$

◆ ▲에 알맞은 수가 더 큰 것의 기호를 ☐ 안에 써넣으세요.

29
ㄱ $2 : ▲ = 14 : 49$
ㄴ $8 : 3 = 24 : ▲$
☐

30
ㄱ $▲ : 42 = 8 : 7$
ㄴ $9 : 11 = ▲ : 55$
☐

31
ㄱ $5 : 2 = 50 : ▲$
ㄴ $24 : ▲ = 4 : 3$
☐

32
ㄱ $36 : 16 = ▲ : 4$
ㄴ $▲ : 6 = 22 : 12$
☐

33
ㄱ $7 : ▲ = 21 : 45$
ㄴ $27 : 18 = ▲ : 8$
☐

4
단원

정답
17쪽

문장제 + 연산

34 수진이와 동생의 용돈의 비는 5 : 3 입니다. 수진이의 용돈이 6000 원일 때 동생의 용돈은 얼마일까요?

수진이와 동생의 용돈의 비
↓   ↓
☐ : ☐ = 6000 : ☐

답 동생의 용돈은 ☐ 원입니다.

✦ 두 수를 골라 비례식을 완성하세요.

35

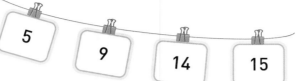

☐ : 7 = 10 : ☐

36

9 : ☐ = ☐ : 8

37

☐ : 24 = 4 : ☐

38

11 : ☐ = ☐ : 9

39

9 : ☐ = ☐ : 15

40

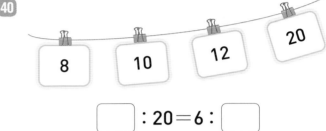

☐ : 20 = 6 : ☐

41

32 : ☐ = ☐ : 5

42

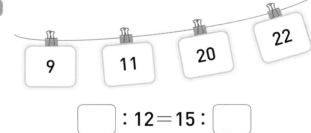

☐ : 12 = 15 : ☐

실수한 것이 없는지 검토했나요?

예 ☐ , 아니요 ☐

27회 개념 비례배분

전체를 주어진 비로 배분하는 것을 비례배분이라고 합니다.

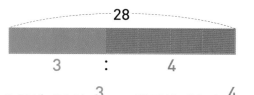

28

3 : 4

초록색: 28의 $\dfrac{3}{7}$ 빨간색: 28의 $\dfrac{4}{7}$

비의 합이 3+4=7이므로 전체 28을 7등분해요.

전체 ■를 ● : ▲로 나누기

→ ■ × $\dfrac{●}{●+▲}$, ■ × $\dfrac{▲}{●+▲}$

8을 1 : 3으로 나누면 다음과 같습니다.

$8 \times \dfrac{1}{1+3} = 8 \times \dfrac{1}{4} = 2$

$8 \times \dfrac{3}{1+3} = 8 \times \dfrac{3}{4} = 6$

비례배분한 수를 더하면 전체의 수와 같아요.
→ 2+6=8

❖ 전체를 주어진 비로 나누는 과정입니다. ☐ 안에 알맞은 수를 써넣으세요.

1

15

2 : 3

① 노란색: $15 \times \dfrac{\boxed{}}{2+3} = 15 \times \dfrac{\boxed{}}{\boxed{}}$

② 파란색: $15 \times \dfrac{\boxed{}}{2+3} = 15 \times \dfrac{\boxed{}}{\boxed{}}$

2

36

5 : 4

① 노란색: $36 \times \dfrac{\boxed{}}{5+4} = 36 \times \dfrac{\boxed{}}{\boxed{}}$

② 파란색: $36 \times \dfrac{\boxed{}}{5+4} = 36 \times \dfrac{\boxed{}}{\boxed{}}$

❖ 주어진 설명에 맞게 비례배분하려고 합니다. ☐ 안에 알맞은 수를 써넣으세요.

3 9를 2 : 1로 나누기

① $9 \times \dfrac{2}{\boxed{}+\boxed{}} = \boxed{}$

② $9 \times \dfrac{1}{\boxed{}+\boxed{}} = \boxed{}$

4 16을 3 : 5로 나누기

① $16 \times \dfrac{3}{\boxed{}+\boxed{}} = \boxed{}$

② $16 \times \dfrac{5}{\boxed{}+\boxed{}} = \boxed{}$

5 30을 1 : 9로 나누기

① $30 \times \dfrac{1}{\boxed{}+\boxed{}} = \boxed{}$

② $30 \times \dfrac{9}{\boxed{}+\boxed{}} = \boxed{}$

4
단원

정답
17쪽

✦ 안의 수를 주어진 비로 나누어 보세요.

6
15

① 1 : 2 → (,   )
② 1 : 4 → (,   )

실수 방지 비례배분한 수를 더했을 때 전체의 수가 나오면 바르게 비례배분한 거예요.

7
21

① 2 : 1 → (,   )
② 2 : 5 → (,   )

8
24

① 5 : 1 → (,   )
② 5 : 7 → (,   )

9
45

① 8 : 1 → (,   )
② 8 : 7 → (,   )

10
60

① 11 : 4 → (,   )
② 11 : 9 → (,   )

11
135

① 19 : 8 → (,   )
② 19 : 26 → (,   )

✦ 안의 수를 주어진 비로 나누어 보세요.

12
18

① 1 : 2 → (,   )
② 7 : 2 → (,   )

13
30

① 2 : 3 → (,   )
② 7 : 3 → (,   )

14
77

① 1 : 6 → (,   )
② 5 : 6 → (,   )

15
100

① 3 : 7 → (,   )
② 13 : 7 → (,   )

16
140

① 5 : 9 → (,   )
② 11 : 9 → (,   )

17
175

① 9 : 16 → (,   )
② 19 : 16 → (,   )

◈ 수를 주어진 비로 나누려고 합니다. ⬜ 안에 알맞은 수를 써넣으세요.

18

36 → | 4 : 5 | → ⬜ , ⬜

19

50 → | 1 : 4 | → ⬜ , ⬜

20

95 → | 7 : 12 | → ⬜ , ⬜

◈ 길이를 주어진 비로 나누려고 합니다. ⬜ 안에 알맞은 수를 써넣으세요.

21

| 2 : 3 |

25 cm

⬜ cm   ⬜ cm
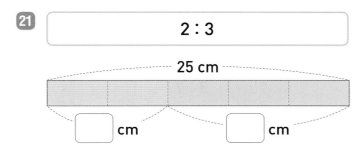

22

| 3 : 4 |

63 cm

⬜ cm   ⬜ cm
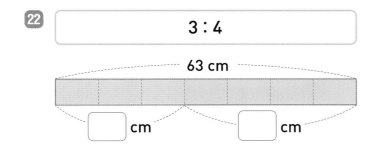

23

| 5 : 3 |

80 cm

⬜ cm   ⬜ cm
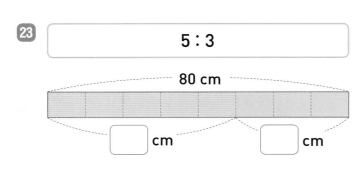

◈ 수확한 과일을 두 상자에 쓰여 있는 수의 비로 나누려고 합니다. ⬜ 안에 알맞은 수를 써넣으세요.

24

35개 → 2 | ⬜ 개
       → 5 | ⬜ 개
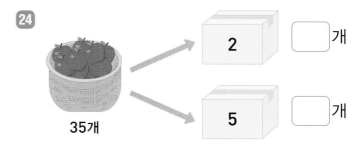

25

60개 → 7 | ⬜ 개
       → 3 | ⬜ 개
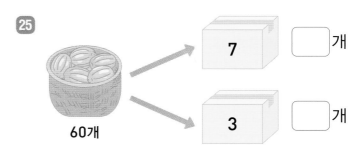

26

88개 → 13 | ⬜ 개
       → 9 | ⬜ 개
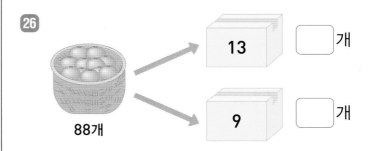

[문장제 + 연산]

27 사탕 [20개]를 지혜와 은지가 [3 : 2]로 나누어 가졌습니다. 은지가 가진 사탕은 몇 개일까요?

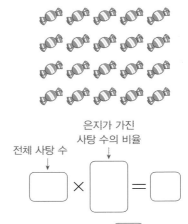

전체 사탕 수   은지가 가진 사탕 수의 비율
⬜ × ⬜ = ⬜

🅐 은지가 가진 사탕은 ⬜ 개입니다.

✦ ⬭ 안의 수를 주어진 비로 나누어 [,] 안에 나타내려고 합니다. 아래에서 결과를 찾아 해당하는 자음과 모음을 ☐ 안에 써넣고, 두 글자의 낱말을 완성하세요.

28

42	4 : 3 → [ㅎ , ㅡ]
30	1 : 5 → [ㄱ , ㄴ]
39	2 : 1 → [ㄹ , ㅏ]

24	13	25	5	18	26
☐	☐	☐	☐	☐	☐

( )

30

56	5 : 9 → [ㅜ , ㅅ]
77	8 : 3 → [ㅁ , ㄴ]
84	2 : 5 → [ㅓ , ㄹ]

36	24	21	56	20	60
☐	☐	☐	☐	☐	☐

( )

29

24	3 : 1 → [ㅜ , ㅏ]
54	7 : 2 → [ㄷ , ㅇ]
40	5 : 3 → [ㅍ , ㄴ]

42	6	15	25	18	12
☐	☐	☐	☐	☐	☐

( )

31

81	5 : 4 → [ㅐ , ㅏ]
70	3 : 7 → [ㅇ , ㅅ]
52	8 : 5 → [ㅎ , ㄱ]

32	36	20	49	45	21
☐	☐	☐	☐	☐	☐

( )

실수한 것이 없는지 검토했나요?

예 ☐ , 아니요 ☐

28회 테스트 4. 비례식과 비례배분

◈ 비의 성질을 이용하여 주어진 비와 비율이 같은 비에 ○표 하세요.

1 | 2 : 3 | 18 : 27 | 24 : 30 |

2 | 3 : 8 | 27 : 64 | 21 : 56 |

3 | 5 : 4 | 15 : 10 | 20 : 16 |

4 | 7 : 9 | 42 : 54 | 56 : 81 |

5 | 11 : 3 | 66 : 15 | 88 : 24 |

6 | 16 : 24 | 3 : 4 | 2 : 3 |

7 | 28 : 21 | 4 : 3 | 7 : 6 |

8 | 40 : 56 | 5 : 7 | 7 : 5 |

9 | 65 : 55 | 11 : 13 | 13 : 11 |

10 | 72 : 18 | 3 : 1 | 4 : 1 |

◈ 주어진 비를 가장 간단한 자연수의 비로 나타내세요.

11
① $0.7 : 0.3$ → (   )
② $0.7 : 1.2$ → (   )

12
① $4.5 : 3.6$ → (   )
② $4.5 : 7.5$ → (   )

13
① $\dfrac{3}{5} : \dfrac{1}{4}$ → (   )
② $\dfrac{7}{8} : \dfrac{1}{4}$ → (   )

14
① $\dfrac{1}{3} : \dfrac{5}{7}$ → (   )
② $\dfrac{9}{14} : \dfrac{5}{7}$ → (   )

15
① $0.4 : \dfrac{5}{6}$ → (   )
② $0.4 : \dfrac{3}{8}$ → (   )

16
① $1.5 : \dfrac{3}{4}$ → (   )
② $1.5 : \dfrac{7}{10}$ → (   )

17
① $0.8 : \dfrac{5}{9}$ → (   )
② $2.5 : \dfrac{5}{9}$ → (   )

비례식의 성질을 이용하여 ☐ 안에 알맞은 수를 써넣으세요.

18 ① $4:9=16:$ ☐

② $4:9=$ ☐ $:63$

19 ① $13:5=$ ☐ $:15$

② $13:5=65:$ ☐

20 ① $36:45=4:$ ☐

② $36:45=$ ☐ $:15$

21 ① $75:50=$ ☐ $:2$

② $75:50=15:$ ☐

22 ① ☐ $:15=6:9$

② $14:$ ☐ $=6:9$

23 ① $21:$ ☐ $=14:8$

② ☐ $:20=14:8$

24 ① ☐ $:10=20:25$

② $24:$ ☐ $=20:25$

⬤ 안의 수를 주어진 비로 나누어 보세요.

25 ⬜ 16

① $3:1$ → (,)

② $3:5$ → (,)

26 ⬜ 55

① $4:1$ → (,)

② $4:7$ → (,)

27 ⬜ 72

① $7:2$ → (,)

② $7:5$ → (,)

28 ⬜ 35

① $1:4$ → (,)

② $3:4$ → (,)

29 ⬜ 56

① $2:5$ → (,)

② $9:5$ → (,)

30 ⬜ 110

① $2:9$ → (,)

② $13:9$ → (,)

✛ 비의 성질을 이용하여 비율이 같은 비를 찾아 선으로 이으세요.

31

2 : 3	•	•	7 : 12
28 : 48	•	•	3 : 4
18 : 24	•	•	16 : 24

32

24 : 21	•	•	42 : 54
7 : 9	•	•	8 : 7
60 : 65	•	•	12 : 13

✛ 비를 가장 간단한 자연수의 비로 나타내어 빈칸에 써넣으세요.

33 4.2 : 6.3

34 0.23 : 0.08

35 $\dfrac{2}{3} : \dfrac{3}{8}$

36 $1\dfrac{3}{8} : 3\dfrac{1}{2}$

37 $0.2 : \dfrac{1}{12}$

✛ ●에 알맞은 수가 더 큰 것의 기호를 ☐ 안에 써넣으세요.

38

㉠ 7 : ● = 56 : 48
㉡ 52 : 20 = 13 : ●

☐

39

㉠ ● : 99 = 2 : 9
㉡ 3 : 8 = ● : 64

☐

40

㉠ 14 : 3 = 70 : ●
㉡ 20 : ● = 5 : 4

☐

41

㉠ 72 : 60 = ● : 15
㉡ 11 : ● = 22 : 28

☐

✛ 수를 주어진 비로 나누려고 합니다. ☐ 안에 알맞은 수를 써넣으세요.

42

42 → 5 : 2 → ☐ , ☐

43

77 → 4 : 7 → ☐ , ☐

44

98 →  9 : 5 → ☐ , ☐

◆ 문제를 읽고 답을 구하세요.

45 가율이는 선물 가게에서 가로와 세로의 비가 7 : 6인 액자를 샀습니다. 이 액자의 가로가 21 cm일 때 세로는 몇 cm일까요?

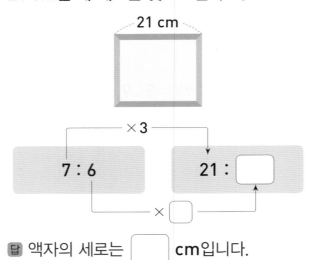

답 액자의 세로는 ☐ cm입니다.

46 현정이와 민석이가 줄넘기를 한 시간의 비는 2.4 : 1.6입니다. 현정이와 민석이가 줄넘기를 한 시간의 비를 가장 간단한 자연수의 비로 나타내세요.

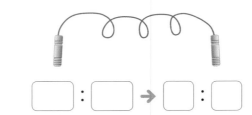

☐ : ☐ ➜ ☐ : ☐

답 줄넘기를 한 시간의 비를 가장 간단한 자연수의 비로 나타내면 ☐ : ☐ 입니다.

◆ 문제를 읽고 답을 구하세요.

47 어느 박물관의 초등학생과 어른의 입장료의 비는 7 : 10입니다. 어른의 입장료가 5000원일 때 초등학생의 입장료는 얼마일까요?

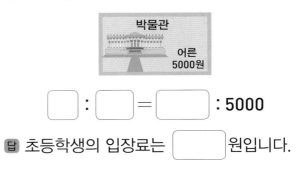

☐ : ☐ = ☐ : 5000

답 초등학생의 입장료는 ☐ 원입니다.

48 옥수수 90개를 세희네 가족과 경호네 가족이 11 : 7로 나누어 가졌습니다. 세희네 가족이 가진 옥수수는 몇 개일까요?

☐ × ☐ = ☐

답 세희네 가족이 가진 옥수수는 ☐ 개입니다.

• 4단원 테스트 후 맞힌 개수에 따라 아래와 같이 공부하세요.

맞힌 개수	0~33개	34~42개	43~48개
공부 방법	비례식과 비례배분에 대한 이해가 부족해요. 22~27회를 다시 공부해요.	비례식과 비례배분에 대해 이해는 하고 있으나 좀 더 연습이 필요해요.	실수하지 않도록 집중하여 틀린 문제를 확인해요.

5

원의 넓이

개념 미리보기

5. 원의 넓이

29회 **1 원주율**

◆ **원주율**: 원의 지름에 대한 원주의 비율 ➜ (원주율)＝(원주)÷(지름)

┌ 원의 둘레

원주율은 필요에 따라 3, 3.1, 3.14 등으로 어림하여 사용해요.

원주
지름

원주(cm)	9.42	15.7	31.4
지름(cm)	3	5	10
(원주)÷(지름)	3.14	3.14	3.14

원주율은 항상 일정해요.

30~31회 **2 원주 구하기 / 지름 구하기**

원주 구하기	지름 구하기

(지름)＝(원주)÷(원주율)
(반지름)＝(원주)÷(원주율)÷2

6 cm 원주율: 3.1

원주: 25.12 cm
원주율: 3.14

(원주율)＝(원주)÷(지름)

➜ (원주)＝(지름)×(원주율)
＝6×3.1＝**18.6** (cm)

(원주율)＝(원주)÷(지름)

➜ (지름)＝(원주)÷(원주율)
＝25.12÷3.14＝**8** (cm)

32~33회 **3 원의 넓이 구하기 / 색칠한 부분의 넓이 구하기**

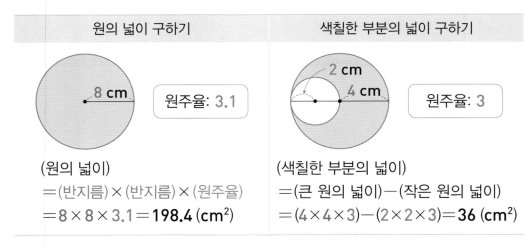

원의 넓이 구하기	색칠한 부분의 넓이 구하기

8 cm 원주율: 3.1

2 cm 4 cm 원주율: 3

(원의 넓이)
＝(반지름)×(반지름)×(원주율)
＝8×8×3.1＝**198.4** (cm²)

(색칠한 부분의 넓이)
＝(큰 원의 넓이)－(작은 원의 넓이)
＝(4×4×3)－(2×2×3)＝**36** (cm²)

29회 개념 원주, 원주율

원의 둘레를 원주라고 합니다.

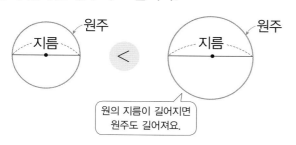

원의 지름이 길어지면 원주도 길어져요.

원의 지름에 대한 원주의 비율을 원주율이라고 합니다.

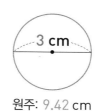

(원주율)＝(원주)÷(지름)
＝9.42÷3＝**3.14**

원의 크기와 관계없이 원주율은 항상 일정해요.

원주: 9.42 cm

✦ 원주가 더 긴 것에 ◯표 하세요.

1

6 cm

3 cm

(   )   (   )

2
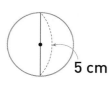
5 cm
7 cm
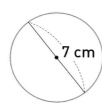

(   )   (   )

3

2 cm
3 cm
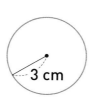

(   )   (   )

4
5 cm
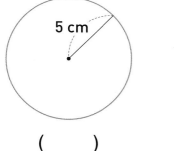
4 cm
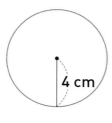

(   )   (   )

✦ 원주율을 구하려고 합니다. ☐ 안에 알맞은 수를 써 넣으세요.

5
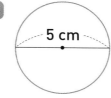
5 cm

원주: 15.5 cm

(원주율)＝ ☐ ÷ ☐ ＝ ☐

6
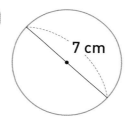
7 cm

원주: 21.98 cm

(원주율)＝ ☐ ÷ ☐ ＝ ☐

7
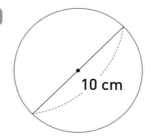
10 cm

원주: 31 cm

(원주율)＝ ☐ ÷ ☐ ＝ ☐

5
단원

정답
18쪽

◈ 지름과 원주를 이용하여 원주율을 구하세요.

8

3 cm

원주: 9.3 cm

(　　　　　　　　)

9

6 cm

원주: 18.84 cm

(　　　　　　　　)

10

11 cm

원주: 33 cm

(　　　　　　　　)

11

16 cm

원주: 49.6 cm

(　　　　　　　　)

12

20 cm

원주: 62.8 cm

(　　　　　　　　)

◈ 반지름과 원주를 이용하여 원주율을 구하세요.

13

2 cm

원주: 12.56 cm

(　　　　　　　　)

14

4 cm

원주: 24.8 cm

(　　　　　　　　)

15

7 cm

원주: 43.4 cm

(　　　　　　　　)

16

11 cm

원주: 69.08 cm

(　　　　　　　　)

17

15 cm

원주: 90 cm

(　　　　　　　　)

◆ 원 모양 접시의 반지름과 원주를 이용하여 원주율을 구하세요.

18
3 cm

원주: 18 cm

(   )

19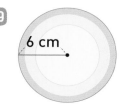
6 cm

원주: 37.2 cm

(   )

20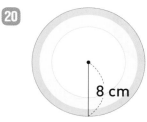
8 cm

원주: 50.24 cm

(   )

◆ 원의 원주와 지름을 나타낸 것입니다. 빈칸에 알맞은 수를 써넣으세요.

21

원	원주(cm)	지름(cm)	(원주)÷(지름)
가	12.4	4	
나	24.8	8	
다	40.3	13	

22

원	원주(cm)	지름(cm)	(원주)÷(지름)
가	15.7	5	
나	34.54	11	
다	56.52	18	

◆ 원주가 가장 긴 원을 찾아 ☐ 안에 기호를 써넣으세요.

23

㉠ 지름이 14 cm인 원
㉡ 반지름이 6 cm인 원
㉢ 지름이 13 cm인 원

☐

24

㉠ 반지름이 10 cm인 원
㉡ 지름이 21 cm인 원
㉢ 반지름이 12 cm인 원

☐

25

㉠ 지름이 26 cm인 원
㉡ 반지름이 15 cm인 원
㉢ 지름이 27 cm인 원

☐

26

㉠ 반지름이 18 cm인 원
㉡ 지름이 33 cm인 원
㉢ 반지름이 17 cm인 원

☐

5
단원

정답
18쪽

문장제 + 연산

27 원주가 87.92 cm , 지름이 28 cm 인 원 모양의 벽시계가 있습니다. 이 벽시계의 원주율은 얼마일까요?

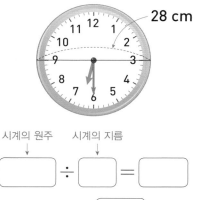
28 cm

시계의 원주   시계의 지름

☐ ÷ ☐ = ☐

답 벽시계의 원주율은 ☐ 입니다.

자전거 바퀴의 원주율을 구하려고 합니다. 화살표가 가리키고 있는 자전거 바퀴의 원주와 반지름을 나타낸 표를 보고 원주율을 구하세요.

원주(cm)	반지름(cm)
54	9

( )

원주(cm)	반지름(cm)
119.32	19

( )

원주(cm)	반지름(cm)
173.6	28

( )

원주(cm)	반지름(cm)
74.4	12

( )

원주(cm)	반지름(cm)
102	17

( )

원주(cm)	반지름(cm)
157	25

( )

실수한 것이 없는지 검토했나요?

예 ☐ , 아니요 ☐

30회 개념 원주 구하기

지름과 원주율을 이용하여 원주를 구합니다.

> (원주율) = (원주) ÷ (지름)
> → (원주) = (지름) × (원주율)

(원주) = (지름) × (원주율)
= 4 × 3.1 = 12.4 (cm)

(원주율: 3.1)

반지름과 원주율을 이용하여 원주를 구합니다.

> (원주) = (지름) × (원주율)
> → (원주) = (반지름) × 2 × (원주율)

2 cm

┌지름
(원주) = (반지름) × 2 × (원주율)
= 2 × 2 × 3 = 12 (cm)

(원주율: 3)

✚ 원주를 구하려고 합니다. ☐ 안에 알맞은 수를 써넣으세요. (원주율: 3.1)

1

6 cm

(원주)
= 6 × ☐
= ☐ (cm)

2
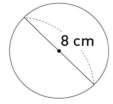
8 cm

(원주)
= ☐ × ☐
= ☐ (cm)

3
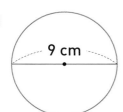
9 cm

(원주)
= ☐ × ☐
= ☐ (cm)

4
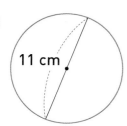
11 cm

(원주)
= ☐ × ☐
= ☐ (cm)

✚ 원주를 구하려고 합니다. ☐ 안에 알맞은 수를 써넣으세요. (원주율: 3)

5
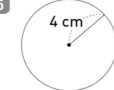
4 cm

(원주)
= 4 × ☐ × ☐
= ☐ (cm)

6
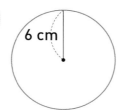
6 cm

(원주)
= ☐ × ☐ × ☐
= ☐ (cm)

7
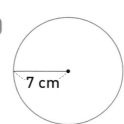
7 cm

(원주)
= ☐ × ☐ × ☐
= ☐ (cm)

8
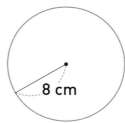
8 cm

(원주)
= ☐ × ☐ × ☐
= ☐ (cm)

5
단원

정답
19쪽

◈ 지름과 원주율을 이용하여 원주는 몇 cm인지 구하
세요.

9

5 cm

원주율: 3.1

( )

10

7 cm

원주율: 3.14

( )

11

13 cm

원주율: 3

( )

12

18 cm

원주율: 3.1

( )

13

25 cm

원주율: 3.14

( )

◈ 반지름과 원주율을 이용하여 원주는 몇 cm인지 구
하세요.

14

3 cm

원주율: 3.14

( )

15

5 cm

원주율: 3

( )

16

8 cm

원주율: 3.1

( )

17

10 cm

원주율: 3.14

( )

18

14 cm

원주율: 3.1

( )

원 모양 거울의 반지름과 원주율을 이용하여 원주는 몇 cm인지 구하세요.

19
7 cm

원주율: 3.1

(   )

20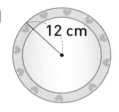
12 cm

원주율: 3

(   )

21
19 cm

원주율: 3.14

(   )

원의 지름을 나타낸 것입니다. 빈칸에 알맞은 수를 써넣으세요. (원주율: 3.1)

22

지름(cm)	3	9
원주(cm)		

23

지름(cm)	8	17
원주(cm)		

24

지름(cm)	14	26
원주(cm)		

원주는 몇 cm인지 구하세요.

25 반지름이 9 cm인 원(원주율: 3)

(   )

26 반지름이 13 cm인 원(원주율: 3.14)

(   )

27 반지름이 20 cm인 원(원주율: 3.1)

(   )

28 반지름이 27 cm인 원(원주율: 3.14)

(   )

5 단원

정답 19쪽

문장제 + 연산

29 윤석이는 길이가 4 m 인 밧줄을 사용하여 운동장에 그릴 수 있는 가장 큰 원을 그렸습니다. 그린 원의 원주는 몇 m일까요? (단, 매듭의 길이는 생각하지 않습니다.) (원주율: 3.1)

그린 원의 반지름   원주율

□ × 2 × □ = □

답 그린 원의 원주는 □ m입니다.

◆ 원 모양의 연못을 나타낸 그림입니다. 연못의 원주가 적힌 길을 따라가서 나오는 글자에 ◯표 하고, ◯표 한 글자를 차례대로 썼을 때 완성되는 속담을 알아보세요. (원주율: 3.14)

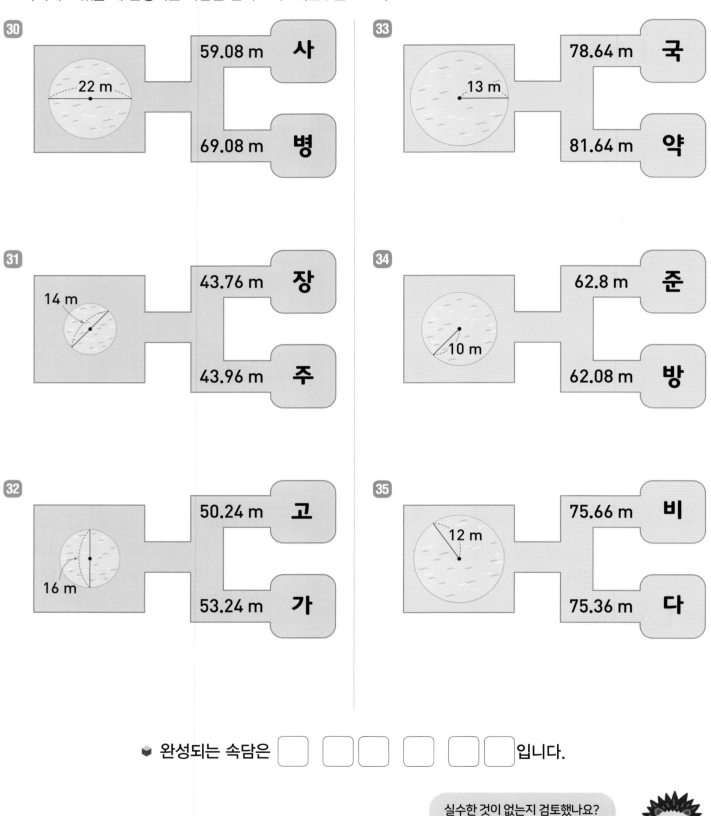

30

22 m

59.08 m 사
69.08 m 병

31

14 m

43.76 m 장
43.96 m 주

32

16 m

50.24 m 고
53.24 m 가

33

13 m

78.64 m 국
81.64 m 약

34

10 m

62.8 m 준
62.08 m 방

35

12 m

75.66 m 비
75.36 m 다

❖ 완성되는 속담은 ☐ ☐ ☐ ☐ ☐ ☐ 입니다.

실수한 것이 없는지 검토했나요?
예 ☐ , 아니요 ☐

31회 [개념] 지름 또는 반지름 구하기

(원주율)＝(원주)÷(지름)
→ (지름)＝(원주)÷(원주율)

9.3 cm
(지름)＝(원주)÷(원주율)
　　　＝9.3÷3.1＝3 (cm)
(원주율: 3.1)

(반지름)＝(지름)÷2
→ (반지름)＝(원주)÷(원주율)÷2

12 cm
지름
(반지름)＝(원주)÷(원주율)÷2
　　　　＝12÷3÷2＝2 (cm)
(원주율: 3)

✦ 지름을 구하려고 합니다. ☐ 안에 알맞은 수를 써넣으세요. (원주율: 3.1)

1

(원주: 6.2 cm)

(지름)
＝6.2÷☐
＝☐ (cm)

2

(원주: 12.4 cm)

(지름)
＝☐÷☐
＝☐ (cm)

3

(원주: 24.8 cm)

(지름)
＝☐÷☐
＝☐ (cm)

4

(원주: 34.1 cm)

(지름)
＝☐÷☐
＝☐ (cm)

✦ 반지름을 구하려고 합니다. ☐ 안에 알맞은 수를 써넣으세요. (원주율: 3)

5

(원주: 18 cm)

(반지름)
＝18÷3÷☐
＝☐ (cm)

6

(원주: 30 cm)

(반지름)
＝☐÷☐÷☐
＝☐ (cm)

7

(원주: 36 cm)

(반지름)
＝☐÷☐÷☐
＝☐ (cm)

8

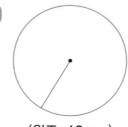

(원주: 42 cm)

(반지름)
＝☐÷☐÷☐
＝☐ (cm)

5 단원
정답 19쪽

◆ 원주와 원주율을 이용하여 지름은 몇 cm인지 구하세요.

9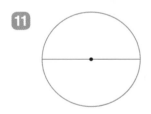
원주: 9.42 cm
원주율: 3.14

(   )

10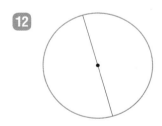
원주: 15.5 cm
원주율: 3.1

(   )

11
원주: 39 cm
원주율: 3

(   )

12
원주: 50.24 cm
원주율: 3.14

(   )

13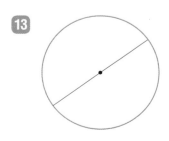
원주: 55.8 cm
원주율: 3.1

(   )

◆ 원주와 원주율을 이용하여 반지름은 몇 cm인지 구하세요.

14
원주: 24.8 cm
원주율: 3.1

(   )

15
원주: 37.68 cm
원주율: 3.14

(   )

16
원주: 54 cm
원주율: 3

(   )

17
원주: 74.4 cm
원주율: 3.1

(   )

18
원주: 87.92 cm
원주율: 3.14

(   )

◆ 원 모양 쟁반의 원주와 원주율을 이용하여 반지름은 몇 cm인지 구하세요.

19
원주: 49.6 cm
원주율: 3.1

(   )

20
원주: 66 cm
원주율: 3

(   )

21
원주: 94.2 cm
원주율: 3.14

(   )

◆ 원주를 나타낸 것입니다. 빈칸에 알맞은 수를 써넣으세요. (원주율: 3.1)

22
원주(cm)	18.6	43.4
반지름(cm)		

23
원주(cm)	37.2	62
반지름(cm)		

24
원주(cm)	68.2	80.6
반지름(cm)		

◆ 지름이 더 긴 원에 ○표 하세요. (원주율: 3.14)

25
원주가 47.1 cm인 원	( )
지름이 14 cm인 원	( )

26
원주가 84.78 cm인 원	( )
지름이 30 cm인 원	( )

27
원주가 69.08 cm인 원	( )
지름이 20 cm인 원	( )

28
원주가 78.5 cm인 원	( )
지름이 29 cm인 원	( )

문장제 + 연산

29 바깥쪽 원주가 248 cm인 원 모양의 훌라후프가 있습니다. 이 훌라후프의 바깥쪽 지름은 몇 cm일까요? (원주율: 3.1)

훌라후프의 바깥쪽 원주   원주율

[ ] ÷ [ ] = [ ]

답 훌라후프의 바깥쪽 지름은 [ ] cm입니다.

5 단원
정답 20쪽

◆ 학생들이 원주와 원주율을 이용하여 원의 지름을 구해 사다리를 타고 내려가서 적은 것입니다. 원의 지름을 잘못 구한 학생을 찾아 이름을 쓰세요. (원주율: 3.1)

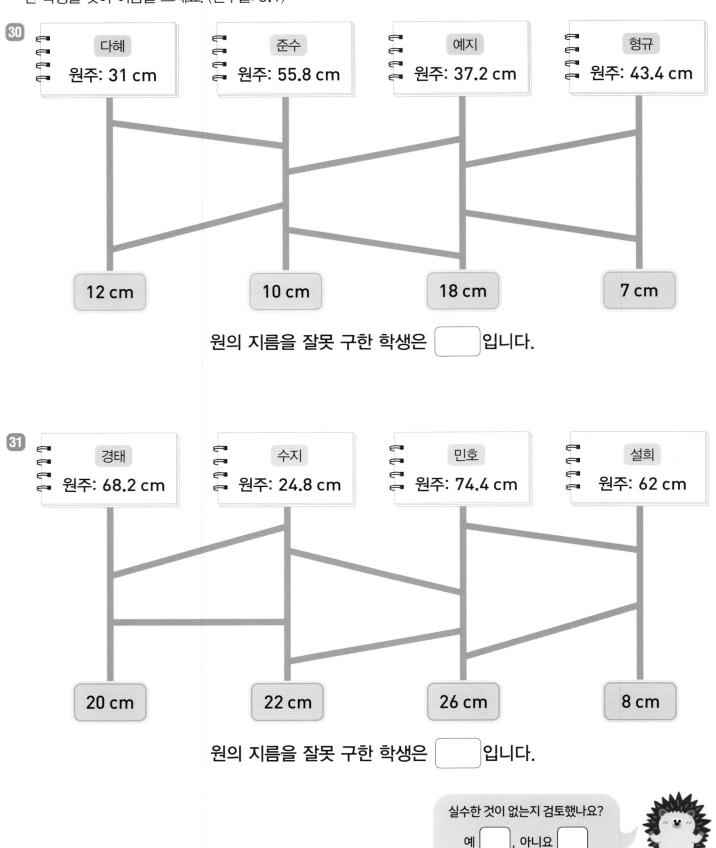

30

다혜	준수	예지	형규
원주: 31 cm	원주: 55.8 cm	원주: 37.2 cm	원주: 43.4 cm

12 cm   10 cm   18 cm   7 cm

원의 지름을 잘못 구한 학생은 [　] 입니다.

31

경태	수지	민호	설희
원주: 68.2 cm	원주: 24.8 cm	원주: 74.4 cm	원주: 62 cm

20 cm   22 cm   26 cm   8 cm

원의 지름을 잘못 구한 학생은 [　] 입니다.

실수한 것이 없는지 검토했나요?

예 [　], 아니요 [　]

32회 개념 원의 넓이 구하기

원을 한없이 잘라 이어 붙이면 점점 직사각형에 가까워집니다.

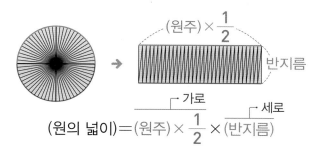

(원의 넓이)＝(원주)×$\frac{1}{2}$×(반지름)

(원의 넓이)＝(원주)×$\frac{1}{2}$×(반지름)

＝(원주율)×(지름)×$\frac{1}{2}$×(반지름)

＝(반지름)×(반지름)×(원주율)

반지름: **5 cm**, 원주율: **3.1**

→ (원의 넓이)＝5×5×3.1＝**77.5** (cm²)

◆ 원을 한없이 잘라 이어 붙여서 직사각형 모양을 만들었습니다. ☐ 안에 알맞은 수를 써넣으세요.

(원주율: 3.1)

1

(원의 넓이)

＝9.3×☐＝☐ (cm²)

2
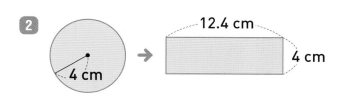

(원의 넓이)

＝☐×☐＝☐ (cm²)

3
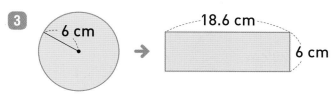

(원의 넓이)

＝☐×☐＝☐ (cm²)

◆ 원의 넓이를 구하려고 합니다. ☐ 안에 알맞은 수를 써넣으세요. (원주율: 3)

4
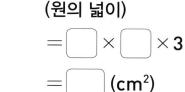

(원의 넓이)

＝☐×☐×3

＝☐ (cm²)

5
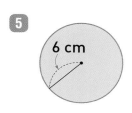

(원의 넓이)

＝☐×☐×☐

＝☐ (cm²)

6
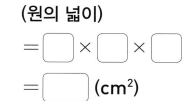

(원의 넓이)

＝☐×☐×☐

＝☐ (cm²)

7
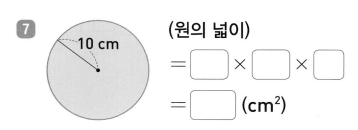

(원의 넓이)

＝☐×☐×☐

＝☐ (cm²)

5
단원

정답
20쪽

❖ 원의 넓이는 몇 cm²인지 구하세요.

8 2 cm

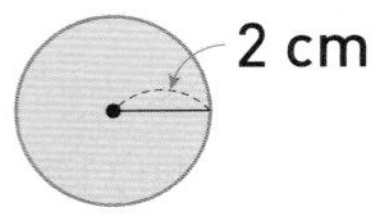

원주율: 3.1

( )

9 5 cm

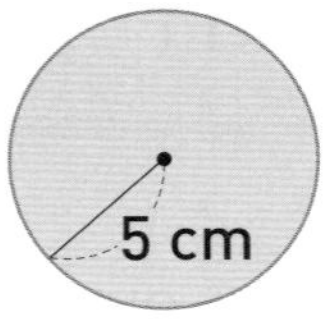

원주율: 3.14

( )

10 9 cm

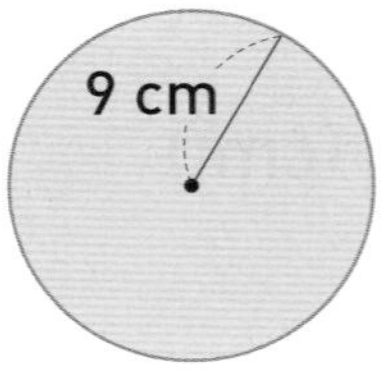

원주율: 3

( )

11 13 cm

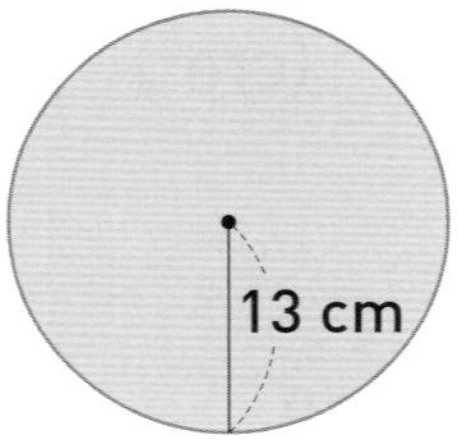

원주율: 3.14

( )

12 15 cm

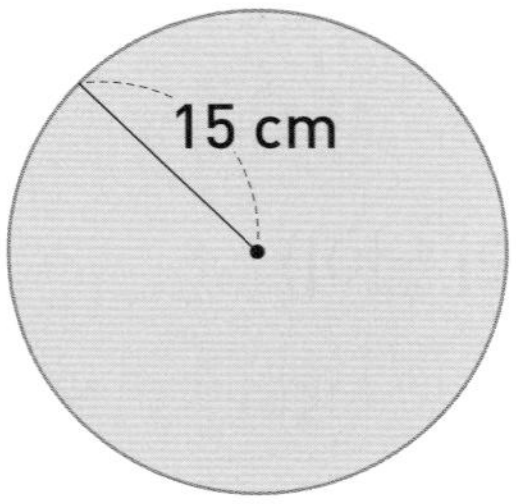

원주율: 3.1

( )

❖ 원의 넓이는 몇 cm²인지 구하세요.

13 6 cm

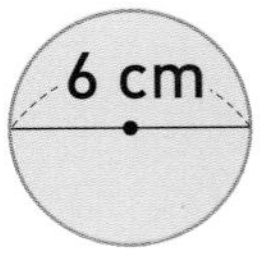

원주율: 3.14

( )

14 8 cm

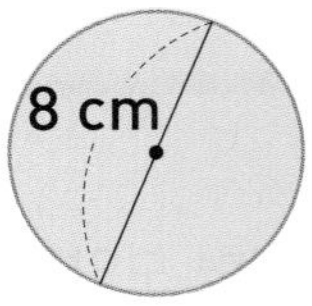

원주율: 3.1

( )

15 14 cm

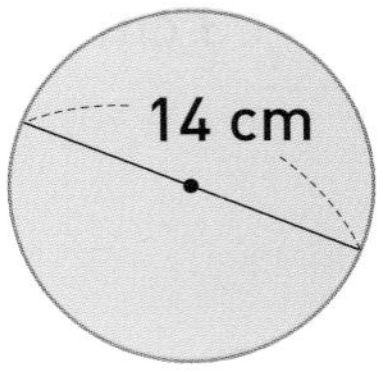

원주율: 3.14

( )

16 20 cm

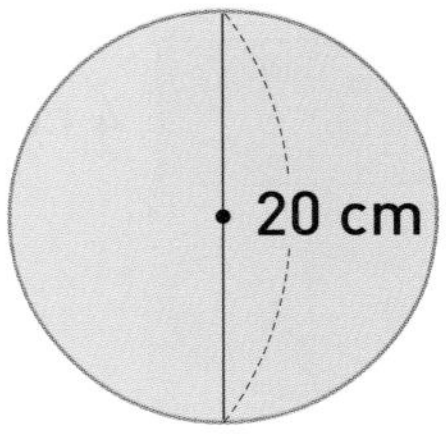

원주율: 3

( )

17 28 cm

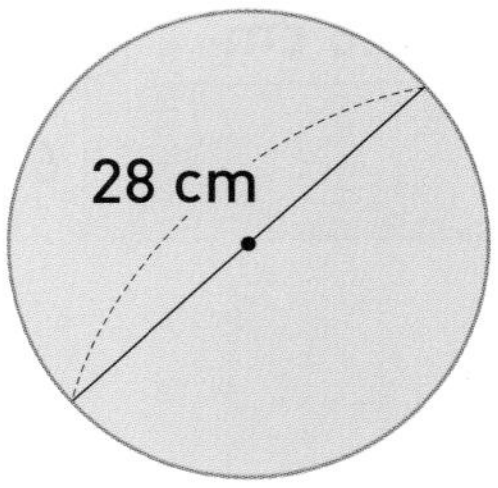

원주율: 3.1

( )

원 모양 표지판의 넓이는 몇 cm²인지 구하세요.

18

30 cm

원주율: 3.14

( )

19

40 cm

원주율: 3

( )

20

70

50 cm

원주율: 3.1

( )

주어진 끈의 길이를 반지름으로 하는 원을 그리려고 합니다. 원의 넓이는 몇 cm²인지 구하세요. (원주율: 3)

21 12 cm

( )

22 23 cm

( )

23 38 cm

( )

두 원의 넓이의 차는 몇 cm²인지 구하세요.

(원주율: 3)

24

7 cm

4 cm

( )

25

6 cm

10 cm

( )

26

12 cm

3 cm

( )

문장제 + 연산

27 정우는 반지름이 15 cm 인 원 모양의 피자를 먹었습니다. 정우가 먹은 피자의 넓이는 몇 cm²일까요? (원주율: 3.14)

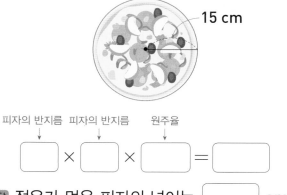

15 cm

피자의 반지름   피자의 반지름   원주율

☐ × ☐ × ☐ = ☐

답 정우가 먹은 피자의 넓이는 ☐ cm²

입니다.

직사각형 모양과 원 모양의 거울이 있습니다. 어느 모양 거울의 넓이가 몇 cm² 더 넓은지 구하세요. (원주율: 3)

28
왼쪽 거울은 가로가 50 cm, 세로가 30 cm야.

오른쪽 거울은 반지름이 20 cm야.

[ ] 모양 거울의 넓이가 [ ] cm² 더 넓습니다.

29
왼쪽 거울은 가로가 40 cm, 세로가 40 cm야.
 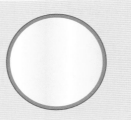
오른쪽 거울은 지름이 48 cm야.

[ ] 모양 거울의 넓이가 [ ] cm² 더 넓습니다.

30
왼쪽 거울은 가로가 55 cm, 세로가 25 cm야.
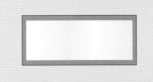 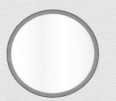
오른쪽 거울은 반지름이 22 cm야.

[ ] 모양 거울의 넓이가 [ ] cm² 더 넓습니다.

31
왼쪽 거울은 가로가 35 cm, 세로가 35 cm야.

오른쪽 거울은 지름이 36 cm야.

[ ] 모양 거울의 넓이가 [ ] cm² 더 넓습니다.

실수한 것이 없는지 검토했나요?
예 [ ] , 아니요 [ ]

33회 개념 원의 넓이를 이용하여 색칠한 부분의 넓이 구하기

색칠한 부분의 넓이는 큰 원의 넓이에서 작은 원의 넓이를 빼서 구할 수 있습니다.

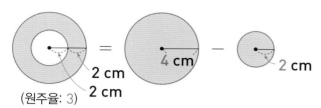

(원주율: 3)

(큰 원의 넓이)=4×4×3=**48** (cm²)
(작은 원의 넓이)=2×2×3=**12** (cm²)
→ (색칠한 부분의 넓이)=**48**−**12**=36 (cm²)

색칠한 부분의 넓이는 원 1개의 넓이와 같습니다.

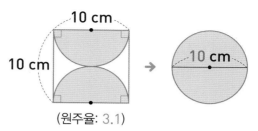

(원주율: 3.1)

(원의 반지름)=10÷2=5 (cm)
(원의 넓이)=5×5×3.1=**77.5** (cm²)
→ (색칠한 부분의 넓이)=**77.5** cm²

✦ 색칠한 부분의 넓이를 구하려고 합니다. ☐ 안에 알맞은 수를 써넣으세요. (원주율: 3)

1

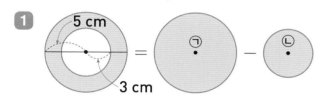

(색칠한 부분의 넓이)

$$= \boxed{} \times \boxed{} \times 3 - \boxed{} \times \boxed{} \times 3$$
　　　　ⓐ의 넓이　　　　　　ⓑ의 넓이

$$= \boxed{} - \boxed{} = \boxed{} \text{ (cm}^2)$$

2

(색칠한 부분의 넓이)

$$= \boxed{} \times \boxed{} \times 3 - \boxed{} \times \boxed{} \times 3$$
　　　　ⓐ의 넓이　　　　　　ⓑ의 넓이

$$= \boxed{} - \boxed{} = \boxed{} \text{ (cm}^2)$$

✦ 색칠한 부분의 넓이를 구하려고 합니다. ☐ 안에 알맞은 수를 써넣으세요. (원주율: 3.1)

3

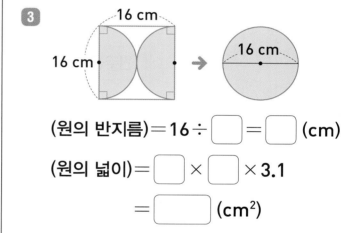

(원의 반지름)=16÷☐=☐ (cm)

(원의 넓이)=☐×☐×3.1

　　　　　=☐ (cm²)

→ (색칠한 부분의 넓이)=☐ cm²

4

(원의 반지름)=22÷☐=☐ (cm)

(원의 넓이)=☐×☐×☐

　　　　　=☐ (cm²)

→ (색칠한 부분의 넓이)=☐ cm²

5 단원 정답 21쪽

✦ 색칠한 부분의 넓이는 몇 cm²인지 구하세요.

5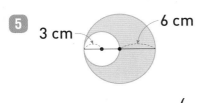
3 cm 6 cm

원주율: 3

(   )

6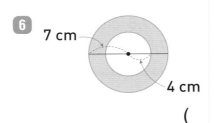
7 cm
4 cm

원주율: 3.1

(   )

7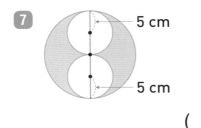
5 cm
5 cm

원주율: 3.14

(   )

8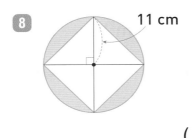
11 cm

원주율: 3

(   )

9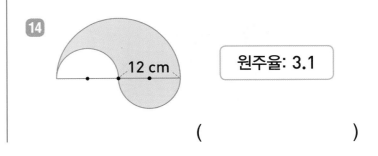
18 cm
30 cm

원주율: 3.14

(   )

✦ 색칠한 부분의 넓이는 몇 cm²인지 구하세요.

10
8 cm
8 cm

원주율: 3

(   )

11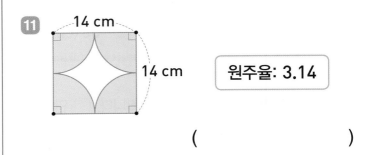
14 cm
14 cm

원주율: 3.14

(   )

12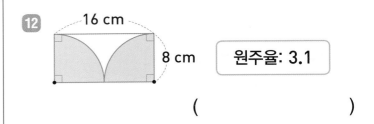
16 cm
8 cm

원주율: 3.1

(   )

13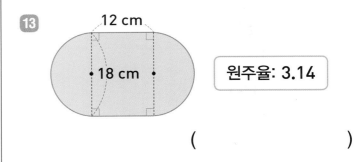
12 cm
18 cm

원주율: 3.14

(   )

14
12 cm

원주율: 3.1

(   )

33회 개념 원의 넓이를 이용하여 색칠한 부분의 넓이 구하기

색칠한 부분의 넓이는 큰 원의 넓이에서 작은 원의 넓이를 빼서 구할 수 있습니다.

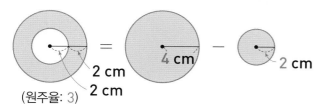

(원주율: 3)

(큰 원의 넓이)＝4×4×3＝**48** (cm²)

(작은 원의 넓이)＝2×2×3＝**12** (cm²)

→ (색칠한 부분의 넓이)＝**48**－**12**＝**36** (cm²)

색칠한 부분의 넓이는 원 1개의 넓이와 같습니다.

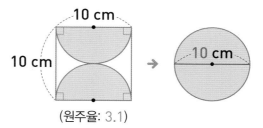

(원주율: 3.1)

(원의 반지름)＝10÷2＝5 (cm)

(원의 넓이)＝5×5×3.1＝**77.5** (cm²)

→ (색칠한 부분의 넓이)＝**77.5** cm²

◆ 색칠한 부분의 넓이를 구하려고 합니다. ☐ 안에 알맞은 수를 써넣으세요. (원주율: 3)

1

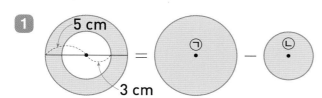

(색칠한 부분의 넓이)

$=\boxed{}×\boxed{}×3-\boxed{}×\boxed{}×3$

　　ㄱ의 넓이　　　　ㄴ의 넓이

$=\boxed{}-\boxed{}=\boxed{}$ (cm²)

2

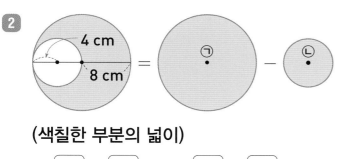

(색칠한 부분의 넓이)

$=\boxed{}×\boxed{}×3-\boxed{}×\boxed{}×3$

　　ㄱ의 넓이　　　　ㄴ의 넓이

$=\boxed{}-\boxed{}=\boxed{}$ (cm²)

◆ 색칠한 부분의 넓이를 구하려고 합니다. ☐ 안에 알맞은 수를 써넣으세요. (원주율: 3.1)

3

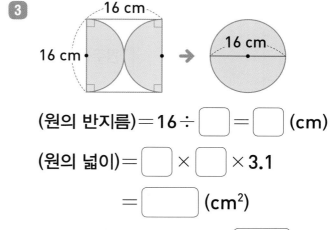

(원의 반지름)＝16÷$\boxed{}$＝$\boxed{}$ (cm)

(원의 넓이)＝$\boxed{}$×$\boxed{}$×3.1

　　　　＝$\boxed{}$ (cm²)

→ (색칠한 부분의 넓이)＝$\boxed{}$ cm²

4

(원의 반지름)＝22÷$\boxed{}$＝$\boxed{}$ (cm)

(원의 넓이)＝$\boxed{}$×$\boxed{}$×$\boxed{}$

　　　　＝$\boxed{}$ (cm²)

→ (색칠한 부분의 넓이)＝$\boxed{}$ cm²

◆ 색칠한 부분의 넓이는 몇 cm²인지 구하세요.

5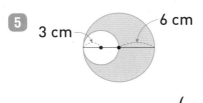

원주율: 3

( )

6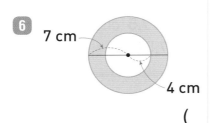

원주율: 3.1

( )

7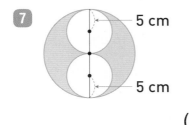

원주율: 3.14

( )

8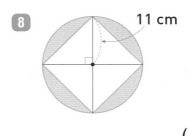

원주율: 3

( )

9

18 cm

30 cm

원주율: 3.14

( )

◆ 색칠한 부분의 넓이는 몇 cm²인지 구하세요.

10

원주율: 3

( )

11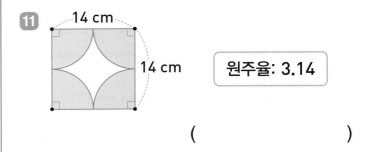

원주율: 3.14

( )

12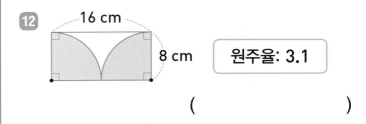

원주율: 3.1

( )

13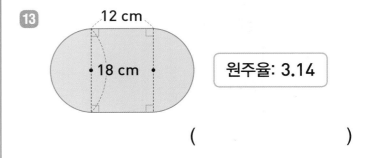

원주율: 3.14

( )

14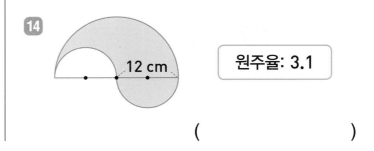

원주율: 3.1

( )

◆ 채소가 심어져 있는 부분의 넓이는 몇 m²인지 구하세요. (원주율: 3.1)

15
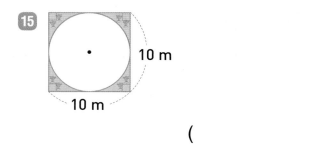

( )

16
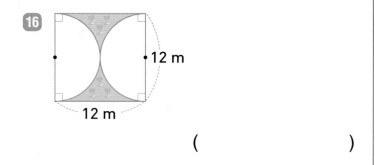

( )

17
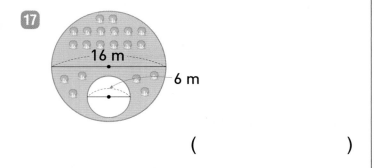

( )

18
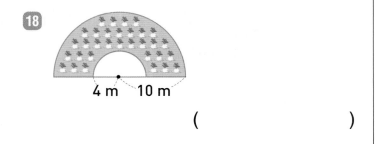

( )

19
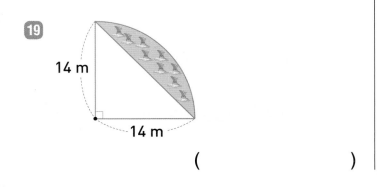

( )

◆ 색칠한 부분의 넓이를 비교하여 ○ 안에 >, =, < 를 알맞게 써넣으세요. (원주율: 3)

20
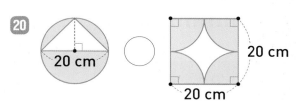

21
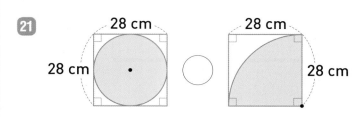

22
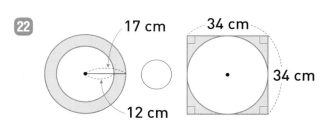

문장제 + 연산

23 원 모양의 땅이 있습니다. 가운데 부분에는 원 모양의 연못이 있고, 나머지 부분에는 잔디가 심어져 있습니다. 잔디가 심어져 있는 부분의 넓이는 몇 m²일까요? (원주율: 3)

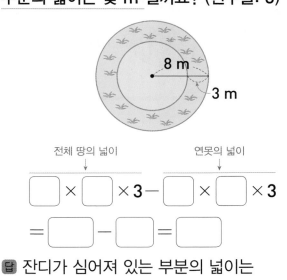

전체 땅의 넓이   연못의 넓이

$$\boxed{} \times \boxed{} \times 3 - \boxed{} \times \boxed{} \times 3$$

$$= \boxed{} - \boxed{} = \boxed{}$$

📋 잔디가 심어져 있는 부분의 넓이는

$\boxed{}$ m²입니다.

◆ 광수와 친구들이 스케치북에 꽃밭이 있는 땅 그림을 그렸습니다. 꽃밭을 뺀 땅 부분의 넓이를 구한 후 그 넓이가 가장 넓은 친구를 알아보세요. (원주율: 3)

24 광수

10 m
16 m

☐ m²

27 현지

18 m
18 m

☐ m²

25 지혜

6 m 14 m

☐ m²

28 동호

8 m 16 m

☐ m²

26 준호

10 m
10 m

☐ m²

29 주희

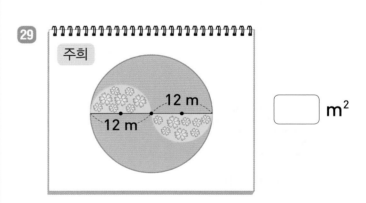

12 m
12 m

☐ m²

♦ 꽃밭을 뺀 땅 부분의 넓이가 가장 넓은 친구는 ☐ 입니다.

실수한 것이 없는지 검토했나요?

예 ☐ , 아니요 ☐

34회 테스트 5. 원의 넓이

원주를 이용하여 원주율을 구하세요.

1
9 cm

원주: 27.9 cm

( )

2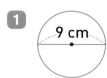
25 cm

원주: 78.5 cm

( )

3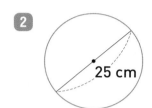
9 cm

원주: 54 cm

( )

4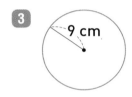
12 cm

원주: 75.36 cm

( )

5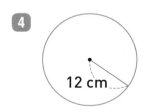
16 cm

원주: 99.2 cm

( )

원주율을 이용하여 원주는 몇 cm인지 구하세요.

6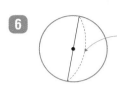
10 cm

원주율: 3.1

( )

7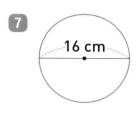
16 cm

원주율: 3.14

( )

8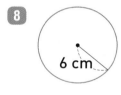
6 cm

원주율: 3

( )

9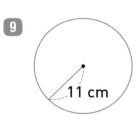
11 cm

원주율: 3.14

( )

10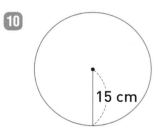
15 cm

원주율: 3.1

( )

◆ 원주와 원주율을 이용하여 지름 또는 반지름은 몇 cm 인지 구하세요.

11

원주: 21.98 cm
원주율: 3.14

지름 (   )

12

원주: 45 cm
원주율: 3

지름 (   )

13

원주: 31 cm
원주율: 3.1

반지름 (   )

14

원주: 50.24 cm
원주율: 3.14

반지름 (   )

15

원주: 80.6 cm
원주율: 3.1

반지름 (   )

◆ 원의 넓이는 몇 cm²인지 구하세요.

16

4 cm

원주율: 3.14

(   )

17

10 cm

원주율: 3.1

(   )

18

12 cm

원주율: 3.14

(   )

19

18 cm

원주율: 3

(   )

20

26 cm

원주율: 3.1

(   )

◆ 원주가 가장 긴 원을 찾아 ◯ 안에 기호를 써넣으세요.

21
> ㉠ 지름이 12 cm인 원
> ㉡ 반지름이 7 cm인 원
> ㉢ 지름이 15 cm인 원

22
> ㉠ 반지름이 16 cm인 원
> ㉡ 지름이 40 cm인 원
> ㉢ 반지름이 19 cm인 원

23
> ㉠ 지름이 34 cm인 원
> ㉡ 반지름이 15 cm인 원
> ㉢ 지름이 28 cm인 원

◆ 원주를 나타낸 것입니다. 빈칸에 알맞은 수를 써넣으세요. (원주율: 3.14)

24
원주(cm)	25.12	56.52
반지름(cm)		

25
원주(cm)	43.96	75.36
반지름(cm)		

26
원주(cm)	81.64	94.2
반지름(cm)		

◆ 두 원의 넓이의 차는 몇 cm²인지 구하세요.
(원주율: 3.1)

27
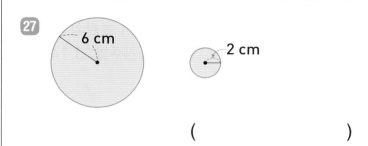
( )

28
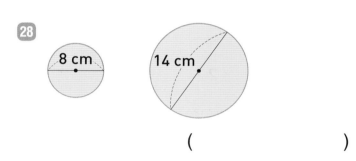
( )

◆ 나무가 심어져 있는 부분의 넓이는 몇 m²인지 구하세요. (원주율: 3)

29
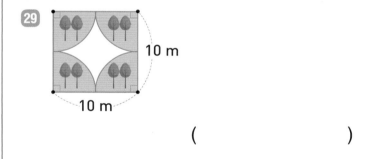
( )

30
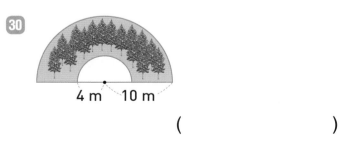
( )

31
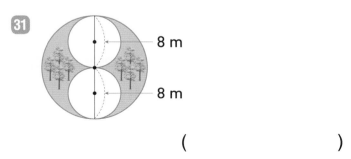
( )

◆ 문제를 읽고 답을 구하세요.

32 수아는 바깥쪽 반지름이 40 cm인 원 모양의 굴렁쇠를 굴리고 있습니다. 이 굴렁쇠의 바깥쪽 원주는 몇 cm일까요? (원주율: 3.14)

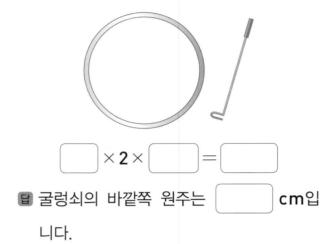

☐ × 2 × ☐ = ☐

답 굴렁쇠의 바깥쪽 원주는 ☐ cm입니다.

33 다람쥐가 원주가 77.5 cm인 원 모양의 쳇바퀴를 돌고 있습니다. 이 쳇바퀴의 지름은 몇 cm일까요? (원주율: 3.1)

☐ ÷ ☐ = ☐

답 쳇바퀴의 지름은 ☐ cm입니다.

◆ 문제를 읽고 답을 구하세요.

34 준서네 마을에는 반지름이 16 m인 원 모양의 연못이 있습니다. 이 연못의 넓이는 몇 m²일까요? (원주율: 3)

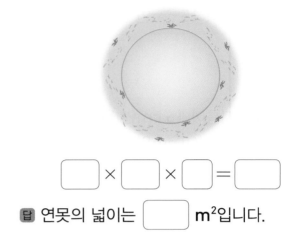

☐ × ☐ × ☐ = ☐

답 연못의 넓이는 ☐ m²입니다.

┌ 설탕과 소다를 넣어 만든 과자

35 보라가 원 모양인 달고나를 만들어 안쪽 원 모양 부분만큼 먹었습니다. 남은 부분의 넓이는 몇 cm²일까요? (원주율: 3)

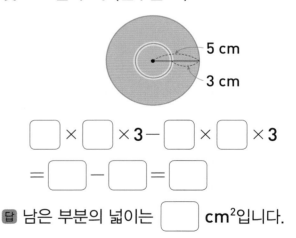

5 cm
3 cm

☐ × ☐ × 3 − ☐ × ☐ × 3

= ☐ − ☐ = ☐

답 남은 부분의 넓이는 ☐ cm²입니다.

• 5단원 테스트 후 맞힌 개수에 따라 아래와 같이 공부하세요.

맞힌 개수	0~24개	25~31개	32~35개
공부 방법	원의 넓이에 대한 이해가 부족해요. 29~33회를 다시 공부해요.	원의 넓이에 대해 이해는 하고 있으나 좀 더 연습이 필요해요.	실수하지 않도록 집중하여 틀린 문제를 확인해요.

6

원기둥, 원뿔, 구

개념 미리보기

6. 원기둥, 원뿔, 구

35회

1 원기둥

직사각형 모양의 종이를 한 변을 기준으로 한 바퀴 돌리면 원기둥이 만들어져요.

◆ **원기둥**: 위와 아래에 있는 면이 서로 평행하고 합동인 원으로 이루어진 입체도형

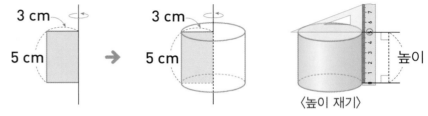

〈높이 재기〉

- (원기둥의 밑면의 지름)= (직사각형의 가로) ×2=**3**×2=**6** (cm)
- (원기둥의 높이)= (직사각형의 세로) = **5** cm

36회

2 원기둥의 전개도

◆ 원기둥의 **전개도**: 원기둥을 잘라서 펼쳐 놓은 그림

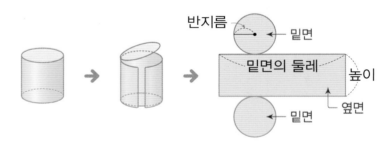

37회

3 원뿔, 구

한 원뿔에서 모선의 길이는 모두 같아요.

◆ **원뿔**: 평평한 면이 원이고 옆을 둘러싼 면이 굽은 면인 뿔 모양의 입체도형

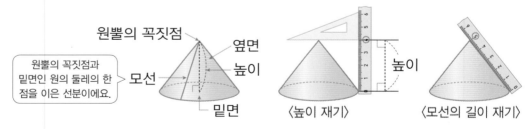

원뿔의 꼭짓점과 밑면인 원의 둘레의 한 점을 이은 선분이에요.

〈높이 재기〉　〈모선의 길이 재기〉

◆ **구**: 공 모양의 입체도형

지름을 기준으로 한 바퀴 돌려요.

구의 반지름은 모두 같고, 무수히 많아요.

35회 개념 원기둥

위와 아래에 있는 면이 서로 평행하고 합동인 원으로 이루어진 입체도형을 원기둥이라고 합니다.

평행
합동

원기둥은 두 밑면이
서로 평행하고, 합동이에요.

서로 평행하고 합동인 두 면을 밑면, 두 밑면과 만나는 면을 옆면, 두 밑면에 수직인 선분의 길이를 높이라고 합니다.

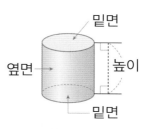

밑면
옆면
높이
밑면

◆ 원기둥을 찾아 ○표 하세요.

1

( ) ( ) ( )

2

( ) ( ) ( )

3

( ) ( ) ( )

4

( ) (원기둥) ( )

◆ 원기둥의 구성 요소를 □ 안에 써넣으세요.

5
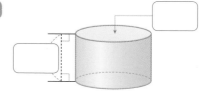

6
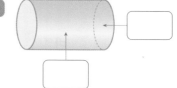

7
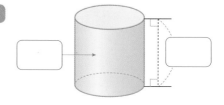

8
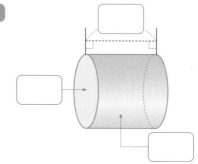

6 단원
정답 22쪽

◆ 원기둥을 모두 찾아 기호를 쓰세요.

9

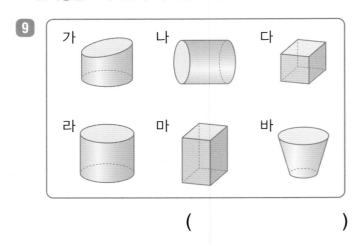

가   나   다

라   마   바

(   )

10

가   나   다

라   마   바

(   )

11

가   나   다

라   마   바

(   )

◆ 원기둥의 밑면의 지름과 높이는 각각 몇 cm인지 구하세요.

12

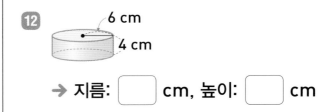

6 cm
4 cm

➡ 지름: ☐ cm, 높이: ☐ cm

13

7 cm
13 cm

➡ 지름: ☐ cm, 높이: ☐ cm

14

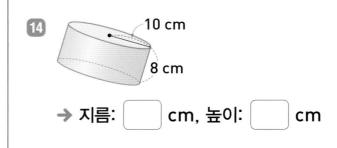

10 cm
8 cm

➡ 지름: ☐ cm, 높이: ☐ cm

◆ 원기둥의 밑면의 반지름과 높이는 각각 몇 cm인지 구하세요.

15

20 cm
9 cm

➡ 반지름: ☐ cm, 높이: ☐ cm

16

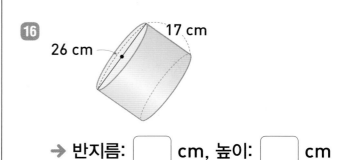

17 cm
26 cm

➡ 반지름: ☐ cm, 높이: ☐ cm

직사각형 모양의 종이를 한 변을 기준으로 돌려 원기둥을 만들었습니다. ☐ 안에 알맞은 수를 써넣으세요.

17

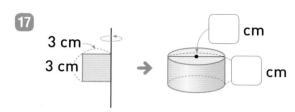

3 cm
3 cm
→ ☐ cm
☐ cm

18

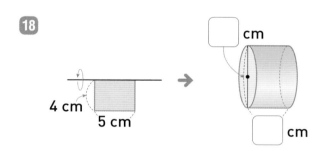

4 cm
5 cm
→ ☐ cm
☐ cm

19

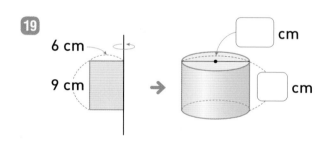

6 cm
9 cm
→ ☐ cm
☐ cm

20

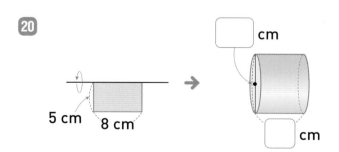

5 cm
8 cm
→ ☐ cm
☐ cm

21

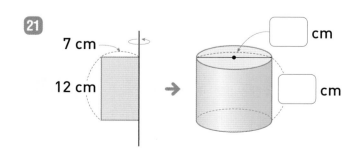

7 cm
12 cm
→ ☐ cm
☐ cm

두 원기둥의 밑면의 지름의 차는 몇 cm인지 구하세요.

22

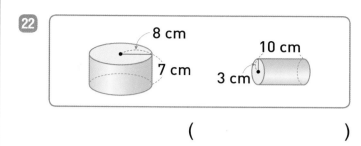

8 cm
7 cm
10 cm
3 cm

(   )

23

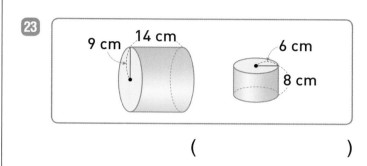

9 cm
14 cm
6 cm
8 cm

(   )

24

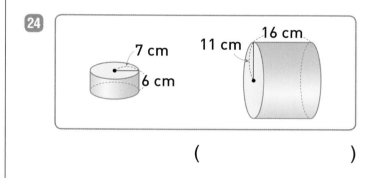

7 cm
6 cm
11 cm
16 cm

(   )

문장제 + 연산

25 원기둥 모양의 통조림 캔이 있습니다. 이 통조림 캔의 밑면의 지름과 높이의 차는 몇 cm일까요?

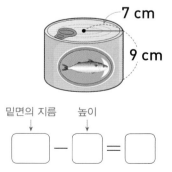

7 cm
9 cm

밑면의 지름   높이

☐ − ☐ = ☐

답 통조림 캔의 밑면의 지름과 높이의 차는

☐ cm입니다.

원기둥 모양의 통나무 의자를 위와 앞에서 찍은 사진입니다. 관계있는 것끼리 선으로 이으세요.

위   앞

26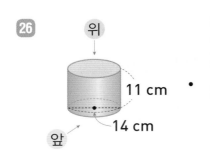

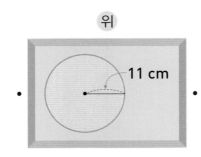

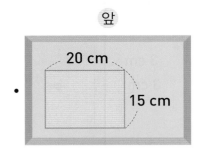

27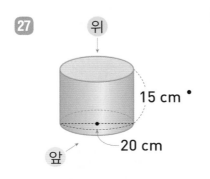

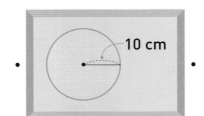

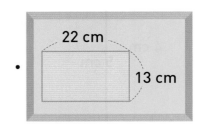

28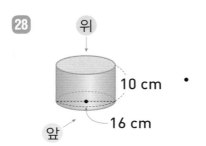

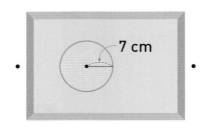

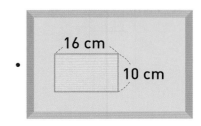

29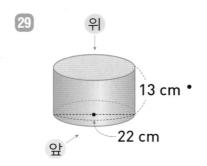

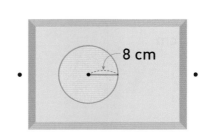

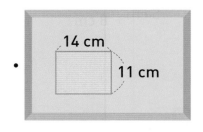

실수한 것이 없는지 검토했나요?

예 ☐ , 아니요 ☐

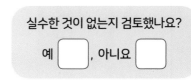

36회 개념 원기둥의 전개도

원기둥을 잘라서 펼쳐 놓은 그림을 원기둥의 전개도라고 합니다.

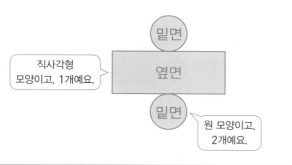

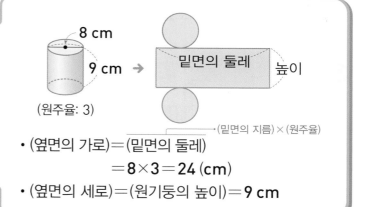

- (옆면의 가로)＝(밑면의 둘레)
  ＝8×3＝24 (cm)
- (옆면의 세로)＝(원기둥의 높이)＝9 cm

➕ 원기둥을 만들 수 있는 전개도에 ◯표 하세요.

1

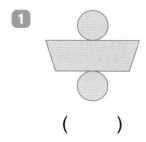

(   )   (   )

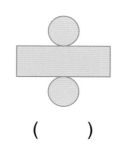

2

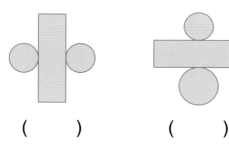

(   )   (   )

3

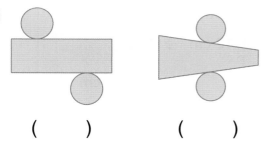

(   )   (   )

4

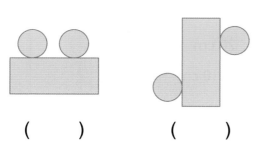

(   )   (   )

➕ 원기둥과 원기둥의 전개도를 보고 ☐ 안에 알맞은 수를 써넣으세요. (원주율: 3)

5

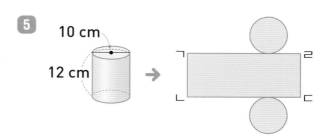

① (선분 ㄱㄹ)＝ ☐ × ☐
　　　　　　＝ ☐ (cm)

② (선분 ㄱㄴ)＝ ☐ cm

6

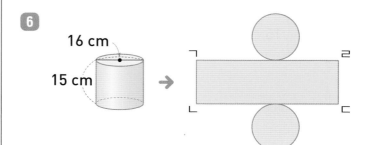

① (선분 ㄱㄹ)＝ ☐ × ☐
　　　　　　＝ ☐ (cm)

② (선분 ㄱㄴ)＝ ☐ cm

◈ 원기둥과 원기둥의 전개도를 보고 ☐ 안에 알맞은 수를 써넣으세요.

7

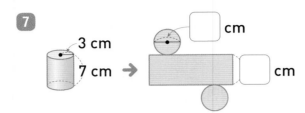

3 cm
7 cm

☐ cm

☐ cm

8

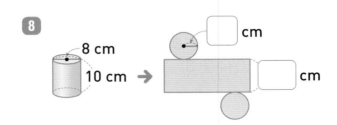

8 cm
10 cm

☐ cm

☐ cm

9

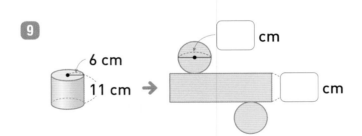

6 cm
11 cm

☐ cm

☐ cm

10

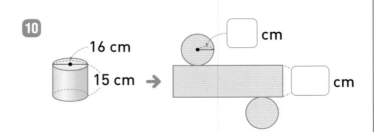

16 cm
15 cm

☐ cm

☐ cm

11

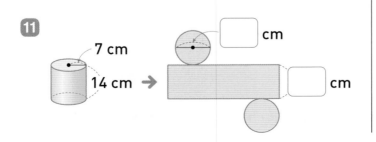

7 cm
14 cm

☐ cm

☐ cm

◈ 원기둥과 원기둥의 전개도를 보고 ☐ 안에 알맞은 수를 써넣으세요. (원주율: 3.1)

12

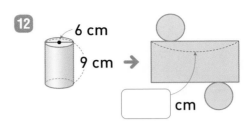

6 cm
9 cm

☐ cm

13

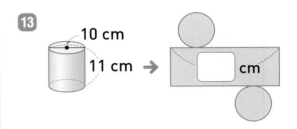

10 cm
11 cm

☐ cm

14

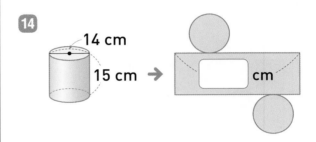

14 cm
15 cm

☐ cm

15

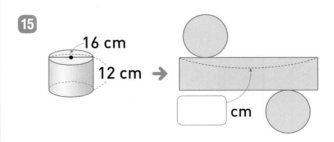

16 cm
12 cm

☐ cm

16

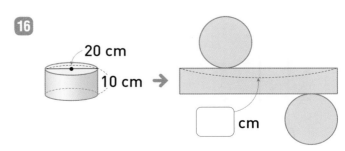

20 cm
10 cm

☐ cm

원기둥과 원기둥의 전개도를 보고 선분 ㄱㄹ의 길이를 구하세요. (원주율: 3)

17
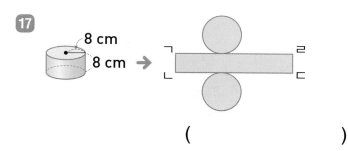
8 cm
8 cm

(   )

18
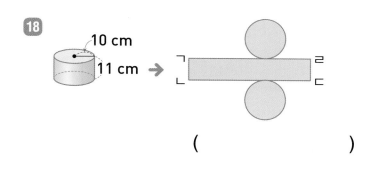
10 cm
11 cm

(   )

19
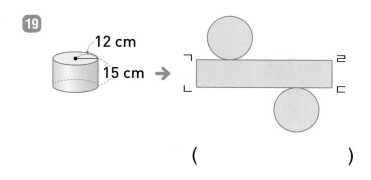
12 cm
15 cm

(   )

20
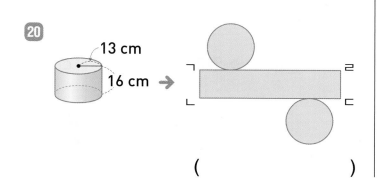
13 cm
16 cm

(   )

원기둥의 전개도에서 밑면의 지름은 몇 cm인지 구하세요. (원주율: 3.14)

21
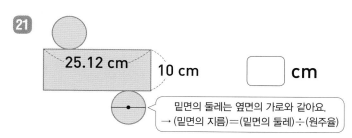
25.12 cm
10 cm
☐ cm

밑면의 둘레는 옆면의 가로와 같아요.
→ (밑면의 지름) = (밑면의 둘레) ÷ (원주율)

22
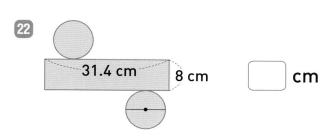
31.4 cm
8 cm
☐ cm

23
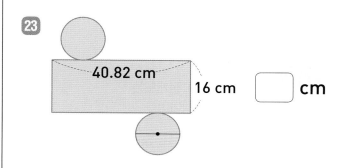
40.82 cm
16 cm
☐ cm

문장제 + 연산

24 영지는 전개도를 접어서 원기둥 모양의 과자 상자를 만들려고 합니다. 이 과자 상자의 밑면의 둘레는 몇 cm일까요? (원주율: 3.1)

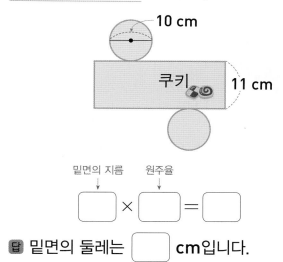
10 cm
쿠키
11 cm

밑면의 지름   원주율

☐ × ☐ = ☐

답 밑면의 둘레는 ☐ cm입니다.

도현이와 친구들이 그린 원기둥의 전개도입니다. 전개도에 대한 설명을 읽고 각자 그린 전개도의 옆면의 둘레는 몇 cm인지 구하세요. (원주율: 3)

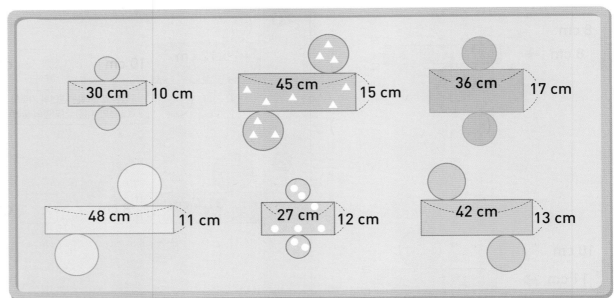

25 도현 내가 그린 전개도는 하늘색이야.
→ **옆면의 둘레:** ▢ cm

26 소율 내가 그린 전개도를 접으면 원기둥의 높이가 가장 짧아.
→ **옆면의 둘레:** ▢ cm

27 지후 내가 그린 전개도에는 세모 모양의 무늬가 있어.
→ **옆면의 둘레:** ▢ cm

28 다은 내가 그린 전개도를 접으면 원기둥의 높이가 가장 길어.
→ **옆면의 둘레:** ▢ cm

29 하준 내가 그린 전개도에는 원 모양의 무늬가 있어.
→ **옆면의 둘레:** ▢ cm

30 은서 내가 그린 전개도는 분홍색이야.
→ **옆면의 둘레:** ▢ cm

실수한 것이 없는지 검토했나요?
예 ▢ , 아니요 ▢

37회 개념 원뿔, 구

평평한 면이 원이고 옆을 둘러싼 면이 굽은 면인 뿔 모양의 입체도형을 **원뿔**이라고 합니다.

- 무수히 많아요.
- 모선
- 옆면
- 원뿔의 꼭짓점
- 높이
- 원뿔에서 뾰족한 부분의 점이에요.
- 밑면 — 원 모양이고, 1개예요.

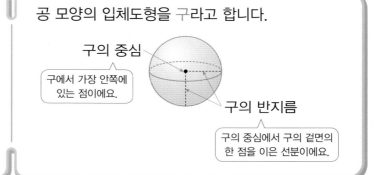

공 모양의 입체도형을 **구**라고 합니다.

- 구의 중심 — 구에서 가장 안쪽에 있는 점이에요.
- 구의 반지름 — 구의 중심에서 구의 겉면의 한 점을 이은 선분이에요.

✦ 원뿔의 구성 요소를 ☐ 안에 써넣으세요.

1

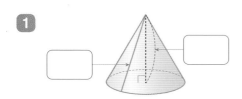

2

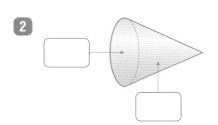

3

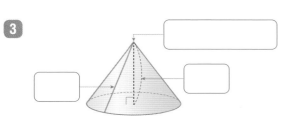

4

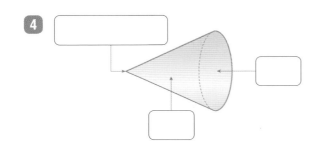

✦ 구를 찾아 ◯표 하세요.

5

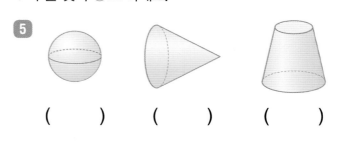

( )　　( )　　( )

6

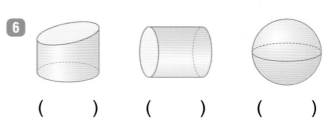

( )　　( )　　( )

7

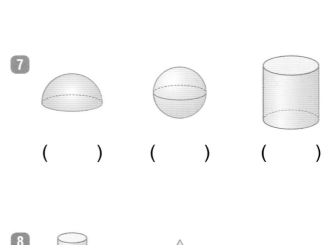

( )　　( )　　( )

8

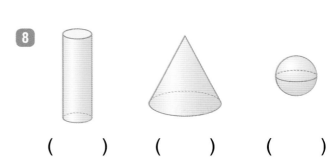

( )　　( )　　( )

정답 23쪽

6 단원

◆ 원뿔을 보고 빈칸에 알맞은 수를 써넣으세요.

9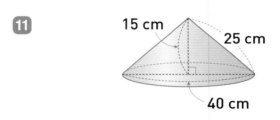

8 cm
10 cm
12 cm

모선의 길이(cm)	
밑면의 지름(cm)	

10

12 cm
9 cm
15 cm

모선의 길이(cm)	
밑면의 지름(cm)	

11

15 cm
25 cm
40 cm

모선의 길이(cm)	
밑면의 지름(cm)	

12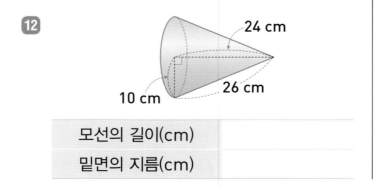

24 cm
10 cm
26 cm

모선의 길이(cm)	
밑면의 지름(cm)	

◆ 구의 지름은 몇 cm인지 구하세요.

13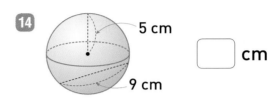

8 cm
4 cm

☐ cm

14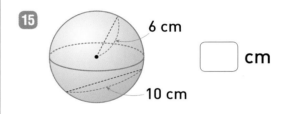

5 cm
9 cm

☐ cm

15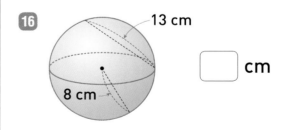

6 cm
10 cm

☐ cm

16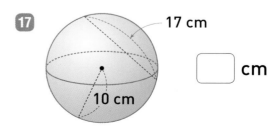

13 cm
8 cm

☐ cm

17

17 cm
10 cm

☐ cm

◆ 직각삼각형 모양의 종이를 한 변을 기준으로 돌려 원뿔을 만들었습니다. ☐ 안에 알맞은 수를 써넣으세요.

18
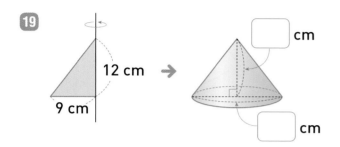
☐ cm

☐ cm

19
☐ cm

☐ cm

20
☐ cm

☐ cm

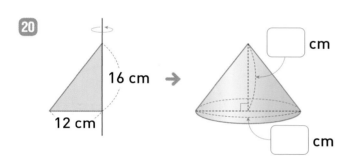

◆ 반원 모양의 종이를 지름을 기준으로 돌려 구를 만들었습니다. ☐ 안에 알맞은 수를 써넣으세요.

21
☐ cm

16 cm

22
☐ cm

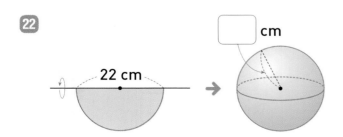

22 cm

◆ 두 원뿔의 밑면의 지름의 합은 몇 cm인지 구하세요.

23
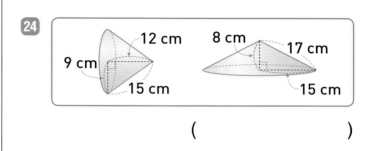

(   )

24

(   )

25

(   )

문장제 + 연산

26 원뿔 모양의 고깔모자입니다. 이 고깔모자의 모선의 길이와 높이의 차는 몇 cm일까요?

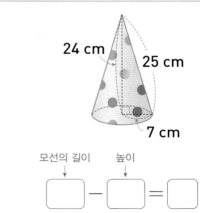

모선의 길이   높이

☐ − ☐ = ☐

답 고깔모자의 모선의 길이와 높이의 차는

☐ cm입니다.

6 단원

정답 23쪽

◆ 얼음 조각으로 만든 원기둥, 원뿔, 구 모양을 보고 설명이 옳으면 ○표, 틀리면 ✕표 하세요.

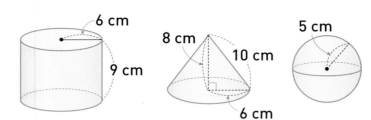

27

원기둥의 높이는 두 밑면에 수직인 선분의 길이입니다.

(　　　)

구는 위, 앞, 옆에서 본 모양이 모두 다릅니다.

(　　　)

원뿔의 모선의 길이는 10 cm입니다.

(　　　)

28

직각삼각형 모양의 종이를 한 변을 기준으로 돌리면 구가 됩니다.

(　　　)

원기둥의 밑면의 지름은 12 cm입니다.

(　　　)

한 원뿔에서 모선의 길이는 모두 같습니다.

(　　　)

29

직사각형 모양의 종이를 한 변을 기준으로 돌리면 원기둥이 됩니다.

(　　　)

구의 지름은 10 cm입니다.

(　　　)

원기둥과 원뿔의 밑면의 수는 같습니다.

(　　　)

실수한 것이 없는지 검토했나요?

예 [　], 아니요 [　]

38회 테스트 6. 원기둥, 원뿔, 구

원기둥의 밑면의 지름과 높이는 각각 몇 cm인지 구하세요.

1
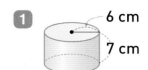
6 cm
7 cm

→ 지름: ◻ cm, 높이: ◻ cm

2
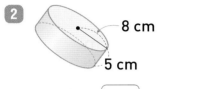
8 cm
5 cm

→ 지름: ◻ cm, 높이: ◻ cm

3
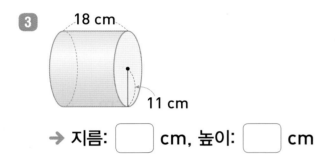
18 cm
11 cm

→ 지름: ◻ cm, 높이: ◻ cm

원기둥의 밑면의 반지름과 높이는 각각 몇 cm인지 구하세요.

4
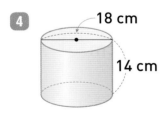
18 cm
14 cm

→ 반지름: ◻ cm, 높이: ◻ cm

5
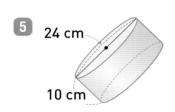
24 cm
10 cm

→ 반지름: ◻ cm, 높이: ◻ cm

원기둥과 원기둥의 전개도를 보고 ◻ 안에 알맞은 수를 써넣으세요. (원주율: 3)

6
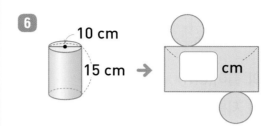
10 cm
15 cm → ◻ cm

7
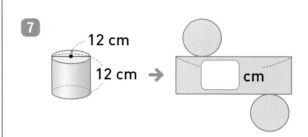
12 cm
12 cm → ◻ cm

8
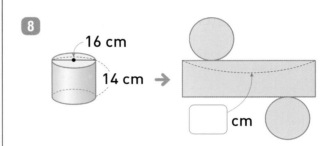
16 cm
14 cm → ◻ cm

9
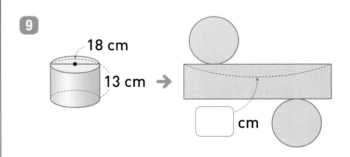
18 cm
13 cm → ◻ cm

10
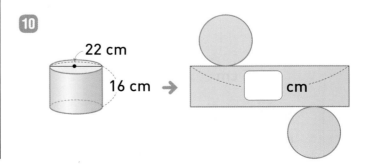
22 cm
16 cm → ◻ cm

6 단원
정답 23쪽

◆ 원뿔을 보고 빈칸에 알맞은 수를 써넣으세요.

11

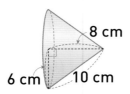

8 cm
6 cm 10 cm

모선의 길이(cm)	
밑면의 지름(cm)	

12

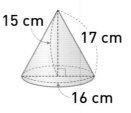

15 cm
17 cm
16 cm

모선의 길이(cm)	
밑면의 지름(cm)	

13

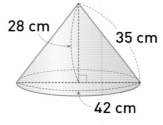

28 cm
35 cm
42 cm

모선의 길이(cm)	
밑면의 지름(cm)	

14

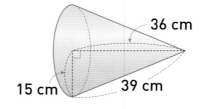

36 cm
15 cm 39 cm

모선의 길이(cm)	
밑면의 지름(cm)	

◆ 구의 지름은 몇 cm인지 구하세요.

15

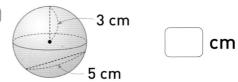

3 cm
5 cm

☐ cm

16

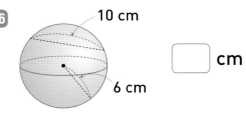

10 cm
6 cm

☐ cm

17

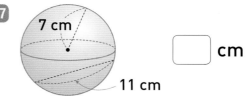

7 cm
11 cm

☐ cm

18

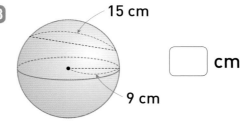

15 cm
9 cm

☐ cm

19

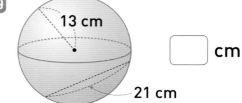

13 cm
21 cm

☐ cm

◆ 직사각형 모양의 종이를 한 변을 기준으로 돌려 원기둥을 만들었습니다. ☐ 안에 알맞은 수를 써넣으세요.

20

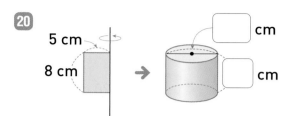

21

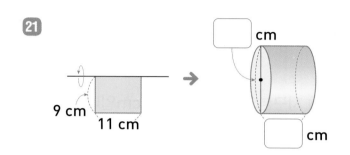

◆ 원기둥의 전개도에서 밑면의 지름은 몇 cm인지 구하세요. (원주율: 3.1)

22

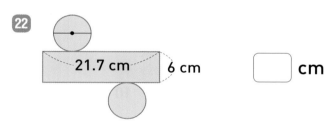

21.7 cm 6 cm ☐ cm

23

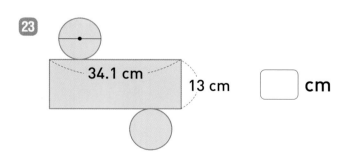

34.1 cm 13 cm ☐ cm

24

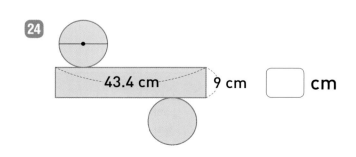

43.4 cm 9 cm ☐ cm

◆ 반원 모양의 종이를 지름을 기준으로 돌려 구를 만들었습니다. ☐ 안에 알맞은 수를 써넣으세요.

25

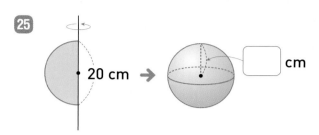

26

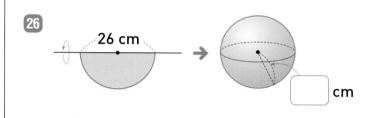

◆ 두 원뿔의 밑면의 지름의 합은 몇 cm인지 구하세요.

27

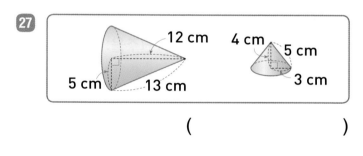

(   )

28

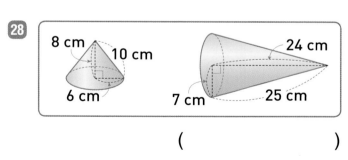

(   )

29

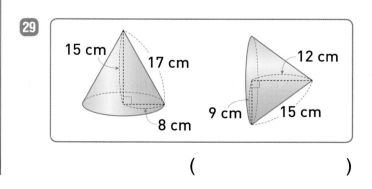

(   )

✦ 문제를 읽고 답을 구하세요.

30 원기둥 모양의 통나무 의자가 있습니다. 이 통나무 의자의 높이와 밑면의 지름의 차는 몇 cm 일까요?

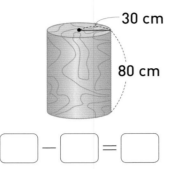

30 cm

80 cm

⬜ − ⬜ = ⬜

답 통나무 의자의 높이와 밑면의 지름의 차는

⬜ cm입니다.

31 소현이는 전개도를 접어서 원기둥 모양의 저금통을 만들려고 합니다. 이 저금통의 밑면의 둘레는 몇 cm일까요? (원주율: 3.1)

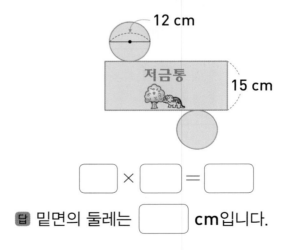

12 cm

저금통

15 cm

⬜ × ⬜ = ⬜

답 밑면의 둘레는 ⬜ cm입니다.

✦ 문제를 읽고 답을 구하세요.

32 승규는 생일 선물로 구 모양의 지구본을 받았습니다. 승규가 받은 지구본의 지름은 몇 cm 일까요?

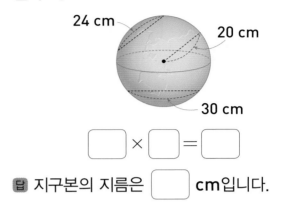

24 cm

20 cm

30 cm

⬜ × ⬜ = ⬜

답 지구본의 지름은 ⬜ cm입니다.

33 원뿔 모양의 장식품이 있습니다. 이 장식품의 모선의 길이와 높이의 차는 몇 cm일까요?

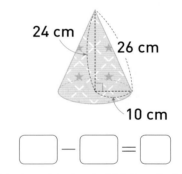

24 cm

26 cm

10 cm

⬜ − ⬜ = ⬜

답 장식품의 모선의 길이와 높이의 차는

⬜ cm입니다.

• 6단원 테스트 후 맞힌 개수에 따라 아래와 같이 공부하세요.

맞힌 개수	0~22개	23~29개	30~33개
공부 방법	원기둥, 원뿔, 구에 대한 이해가 부족해요. 35~37회를 다시 공부해요.	원기둥, 원뿔, 구에 대해 이해는 하고 있으나 좀 더 연습이 필요해요.	실수하지 않도록 집중하여 틀린 문제를 확인해요.

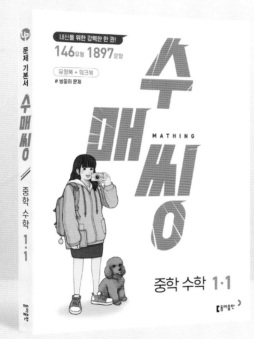
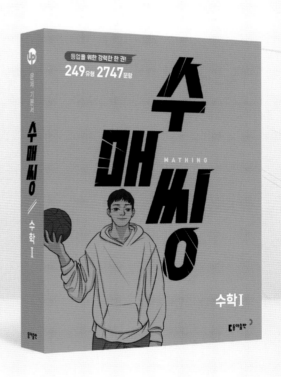

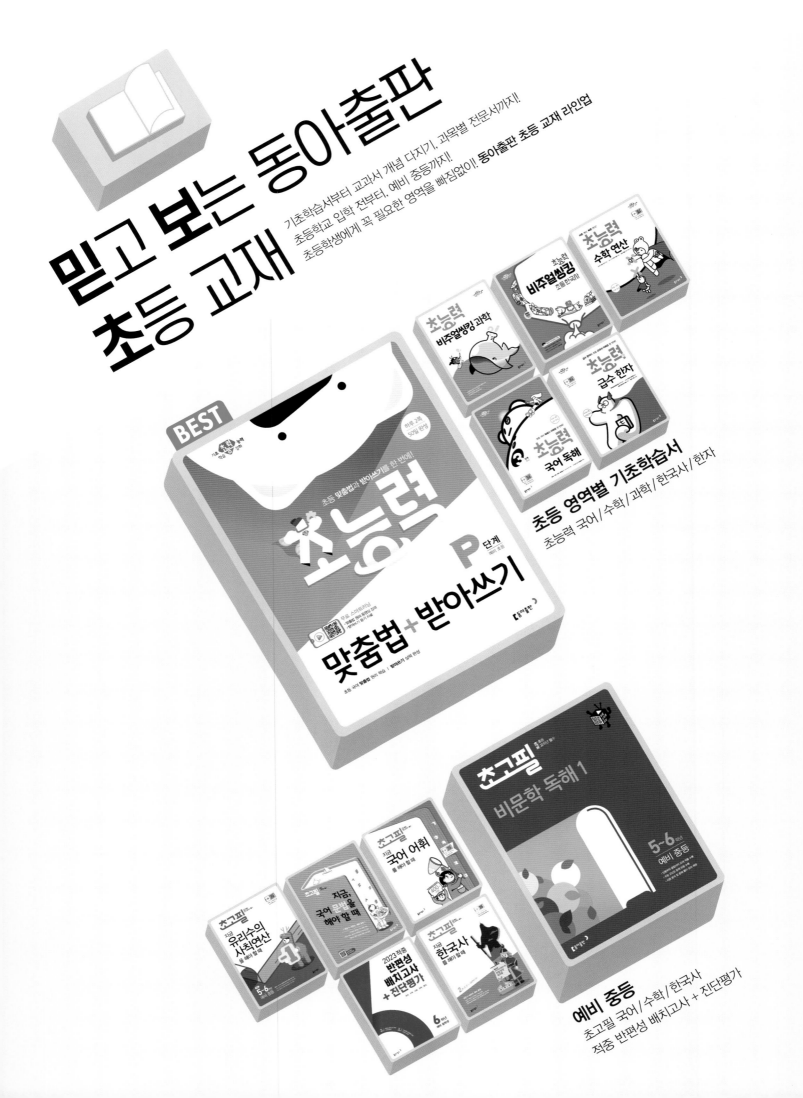

믿고 보는 동아출판
초등 교재

기초학습서부터 교과서 개념 다지기, 과목별 전문서까지!
초등학교 입학 전부터, 예비 중등까지!
초등학생에게 꼭 필요한 영역을 빠짐없이! **동아출판 초등 교재 라인업**

BEST

초능력
맞춤법＋받아쓰기
P 단계

초등 영역별 기초학습서
초능력 국어 / 수학 / 과학 / 한국사 / 한자

예비 중등
초고필 국어 / 수학 / 한국사
적중 반편성 배치고사 ＋ 진단평가

큐브 수학 연산

연산

6·2

정답

동아출판

정답

007쪽 01회 (진분수)÷(진분수)(1)

007쪽

1. 3
2. 2
3. 4
4. 3

5. 2, 1, 2
6. 6, 2, 3
7. 4, 2, 2
8. 10, 2, 5
9. 12, 3, 4
10. 14, 2, 7
11. 15, 5, 3

008쪽

12. ① 4 ② 2
13. ① 8 ② 2
14. ① 3 ② 1
15. ① 6 ② 3
16. ① 4 ② 2
17. ① 3 ② 2
18. ① 4 ② 2
19. ① 8 ② 6
20. ① 9 ② 3

21. ① 7 ② 9
22. ① 1 ② 3
23. ① 1 ② 3
24. ① 5 ② 7
25. ① 3 ② 5
26. ① 3 ② 9
27. ① 3 ② 5
28. ① 3 ② 9
29. ① 5 ② 7

009쪽

30. 4, 2
31. 11, 5
32. 5
33. 2
34. 3

35. =
36. <
37. >
38. >
39. <
40. $\dfrac{24}{25}$, $\dfrac{4}{25}$, 6 / 6

010쪽

41. 대기만성
42. 삼고초려
43. 죽마고우
44. 사면초가

011쪽 02회 (진분수)÷(진분수)(2)

011쪽

1. $2\dfrac{1}{2}$
2. $2\dfrac{1}{3}$
3. $3\dfrac{2}{3}$

4. 3, 2, $\dfrac{3}{2}$, $1\dfrac{1}{2}$
5. 5, 3, $\dfrac{5}{3}$, $1\dfrac{2}{3}$
6. 9, 4, $\dfrac{9}{4}$, $2\dfrac{1}{4}$
7. 10, 3, $\dfrac{10}{3}$, $3\dfrac{1}{3}$
8. 13, 5, $\dfrac{13}{5}$, $2\dfrac{3}{5}$

012쪽

9. ① $\dfrac{2}{3}$ ② $\dfrac{2}{5}$
10. ① $\dfrac{1}{7}$ ② $\dfrac{1}{9}$
11. ① $\dfrac{1}{2}$ ② $\dfrac{1}{3}$
12. ① $\dfrac{2}{3}$ ② $\dfrac{2}{5}$
13. ① $\dfrac{5}{9}$ ② $\dfrac{5}{13}$
14. ① $\dfrac{7}{11}$ ② $\dfrac{7}{15}$

15. ① $1\dfrac{2}{3}$ ② $2\dfrac{1}{3}$
16. ① $2\dfrac{1}{2}$ ② $3\dfrac{1}{2}$
17. ① $1\dfrac{3}{4}$ ② $2\dfrac{1}{2}$
18. ① $1\dfrac{4}{5}$ ② $2\dfrac{3}{5}$
19. ① $1\dfrac{3}{4}$ ② $3\dfrac{1}{4}$
20. ① $1\dfrac{4}{7}$ ② $2\dfrac{3}{7}$

013쪽

21. $1\dfrac{2}{3}$, $\dfrac{1}{2}$
22. $1\dfrac{4}{9}$, $\dfrac{13}{19}$
23. $\dfrac{5}{11}$, $1\dfrac{2}{11}$
24. $\dfrac{5}{7}$, $1\dfrac{6}{7}$

25. $\dfrac{7}{10} \div \dfrac{9}{10}$
26. $\dfrac{13}{16} \div \dfrac{5}{16}$
27. $\dfrac{9}{13} \div \dfrac{4}{13}$
28. $\dfrac{5}{21} \div \dfrac{8}{21}$
29. $\dfrac{5}{16}$, $\dfrac{3}{16}$, $1\dfrac{2}{3}$ / $1\dfrac{2}{3}$

014쪽

㉚ $\dfrac{1}{5}$

㉛ $2\dfrac{1}{3}$

㉜ $\dfrac{2}{5}$

㉝ $2\dfrac{3}{4}$

㉞ $1\dfrac{1}{3}$

㉟ $\dfrac{5}{8}$

㊱ $2\dfrac{1}{4}$

㊲ $\dfrac{5}{7}$

▪ / 2

$\dfrac{4}{5}$	$2\dfrac{1}{3}$	$1\dfrac{1}{3}$	$1\dfrac{1}{4}$
$1\dfrac{1}{5}$	$\dfrac{2}{3}$	$\dfrac{5}{7}$	$\dfrac{6}{7}$
$3\dfrac{1}{4}$	$\dfrac{1}{5}$	$\dfrac{2}{5}$	$\dfrac{5}{9}$
$\dfrac{7}{10}$	$\dfrac{5}{8}$	$\dfrac{3}{8}$	$2\dfrac{1}{2}$
$\dfrac{3}{4}$	$2\dfrac{1}{4}$	$2\dfrac{3}{4}$	$\dfrac{11}{12}$

016쪽

⑧ ① $\dfrac{2}{3}$ ② $\dfrac{5}{7}$

⑨ ① $\dfrac{15}{16}$ ② $\dfrac{6}{7}$

⑩ ① $\dfrac{2}{3}$ ② $\dfrac{3}{10}$

⑪ ① $\dfrac{16}{21}$ ② $\dfrac{4}{5}$

⑫ ① $\dfrac{2}{3}$ ② $\dfrac{20}{21}$

⑬ ① $\dfrac{8}{11}$ ② $\dfrac{5}{11}$

⑭ ① $1\dfrac{1}{2}$ ② $2\dfrac{1}{4}$

⑮ ① $2\dfrac{2}{5}$ ② $1\dfrac{2}{3}$

⑯ ① $1\dfrac{2}{5}$ ② $1\dfrac{5}{9}$

⑰ ① $2\dfrac{1}{2}$ ② $2\dfrac{1}{12}$

⑱ ① $1\dfrac{3}{5}$ ② $1\dfrac{1}{3}$

⑲ ① $1\dfrac{1}{3}$ ② $1\dfrac{5}{6}$

017쪽

⑳ (위에서부터) $1\dfrac{1}{7}$, $\dfrac{5}{7}$

㉑ (위에서부터) $1\dfrac{7}{20}$, $1\dfrac{1}{5}$

㉒ $\dfrac{3}{8}$

㉓ $\dfrac{14}{33}$

㉔ $\dfrac{7}{10}$

㉕ $\dfrac{4}{5} \div \dfrac{2}{25}$

㉖ $\dfrac{6}{11} \div \dfrac{4}{7}$

㉗ $\dfrac{5}{9} \div \dfrac{3}{5}$

㉘ $\dfrac{7}{10} \div \dfrac{3}{4}$

㉙ $\dfrac{7}{12}$, $\dfrac{1}{9}$, $5\dfrac{1}{4}$ / $5\dfrac{1}{4}$

015쪽 03회 (진분수)÷(진분수)(3)

015쪽

① 4 / 4

② 12 / 3

③ 10 / 2

④ 5, 4, 5, 4, $1\dfrac{1}{4}$

⑤ 9, 14, 9, 14, $\dfrac{9}{14}$

⑥ 28, 15, 28, 15, $1\dfrac{13}{15}$

⑦ 21, 32, 21, 32, $\dfrac{21}{32}$

018쪽

㉚ $\dfrac{8}{15}$

㉛ $\dfrac{35}{48}$

㉜ $1\dfrac{13}{20}$

㉝ $\dfrac{15}{16}$

㉞ $\dfrac{8}{9}$

㉟ $\dfrac{8}{13}$

019쪽 **04회 (자연수)÷(진분수)**

019쪽

1 6, 2, 7, 21

2 9, 3, 5, 15

3 $\frac{12}{5}$, 12

4 $\frac{9}{4}$, 18

5 $\frac{5}{3}$, $\frac{10}{3}$, $3\frac{1}{3}$

6 $\frac{6}{5}$, $\frac{42}{5}$, $8\frac{2}{5}$

7 30, 30, 5, 6

8 56, 56, 4, 14

9 40, 40, 3, $13\frac{1}{3}$

10 33, 33, 2, $16\frac{1}{2}$

020쪽

11 ① 24 ② 10

12 ① 16 ② 18

13 ① 21 ② 13

14 ① 18 ② 16

15 ① 25 ② 36

16 ① 28 ② 34

17 ① $7\frac{1}{2}$ ② $12\frac{1}{2}$

18 ① $8\frac{2}{5}$ ② $10\frac{4}{5}$

19 ① $17\frac{1}{2}$ ② $38\frac{1}{2}$

20 ① $10\frac{2}{3}$ ② $26\frac{2}{3}$

21 ① $13\frac{1}{2}$ ② $31\frac{1}{2}$

22 ① $13\frac{1}{3}$ ② $26\frac{2}{3}$

021쪽

23 (선 잇기)

24 (선 잇기)

25 40, 50

26 20, 28

27 39, 45

28 ㉡

29 ㉠

30 ㉢

31 10, $\frac{2}{7}$, 35 / 35

022쪽

32 6개

33 9개

34 6개

35 7개

36 16개

023쪽 **05회 (가분수)÷(진분수)**

023쪽

1 49, 8, 49, 8, $6\frac{1}{8}$

2 20, 9, 20, 9, $2\frac{2}{9}$

3 72, 25, 72, 25, $2\frac{22}{25}$

4 22, 15, 22, 15, $1\frac{7}{15}$

5 $\frac{7}{4}$, $\frac{63}{16}$, $3\frac{15}{16}$

6 $\frac{4}{3}$, $\frac{56}{15}$, $3\frac{11}{15}$

7 $\frac{3}{2}$, 11, $2\frac{3}{4}$

8 $\frac{11}{6}$, 33, $2\frac{1}{16}$

024쪽

9 ① $2\frac{2}{9}$ ② $2\frac{2}{15}$

10 ① $2\frac{1}{10}$ ② $1\frac{5}{7}$

11 ① $2\frac{1}{7}$ ② $2\frac{2}{3}$

12 ① $3\frac{8}{9}$ ② $4\frac{1}{6}$

13 ① $1\frac{3}{13}$ ② $1\frac{38}{39}$

14 ① $1\frac{11}{19}$ ② $1\frac{17}{38}$

15 ① $2\frac{1}{2}$ ② $3\frac{2}{3}$

16 ① $2\frac{2}{5}$ ② $1\frac{5}{6}$

17 ① $2\frac{2}{7}$ ② $1\frac{9}{10}$

18 ① $2\frac{2}{3}$ ② $1\frac{7}{13}$

19 ① $5\frac{3}{5}$ ② $5\frac{1}{7}$

20 ① $2\frac{10}{11}$ ② $2\frac{2}{5}$

025쪽

21 ① $4\frac{1}{2}$ ② $6\frac{2}{3}$

22 ① $1\frac{7}{11}$ ② $1\frac{1}{4}$

23 $5\frac{1}{4}$

24 $2\frac{4}{7}$

25 $3\frac{4}{15}$

26 $=$

27 $>$

28 $<$

29 $<$

30 $>$

31 $\frac{9}{4}$, $\frac{5}{12}$, $5\frac{2}{5}$ / $5\frac{2}{5}$

026쪽

32 $3\frac{3}{4}$

33 $4\frac{4}{7}$

34 $3\frac{3}{10}$

35 $8\frac{2}{3}$

36 $2\frac{1}{10}$

37 $4\frac{2}{3}$

38 $3\frac{3}{8}$

39 $5\frac{1}{3}$

고생 끝에 낙이 온다

027쪽 06회 (대분수)÷(진분수)

027쪽

1 7, 35, 12, $\frac{35}{12}$, $2\frac{11}{12}$

2 13, 39, 8, $\frac{39}{8}$, $4\frac{7}{8}$

3 10, $\frac{3}{8}$, 80, 9, $\frac{80}{9}$, $8\frac{8}{9}$

4 8, 8, $\frac{8}{5}$, $\frac{64}{15}$, $4\frac{4}{15}$

5 23, 23, $\frac{4}{3}$, 46, $5\frac{1}{9}$

6 36, $\frac{6}{11}$, 36, $\frac{11}{6}$, 66, $9\frac{3}{7}$

028쪽

7 ① $3\frac{3}{4}$ ② $2\frac{5}{8}$

8 ① $4\frac{4}{5}$ ② $5\frac{1}{7}$

9 ① $6\frac{4}{5}$ ② $6\frac{3}{8}$

10 ① $14\frac{1}{7}$ ② $12\frac{2}{9}$

11 ① $11\frac{1}{4}$ ② $10\frac{5}{16}$

12 ① $37\frac{1}{3}$ ② $20\frac{4}{11}$

13 ① $2\frac{8}{9}$ ② $6\frac{2}{9}$

14 ① $3\frac{1}{8}$ ② $12\frac{6}{7}$

15 ① $15\frac{2}{5}$ ② $21\frac{7}{9}$

16 ① $5\frac{5}{7}$ ② $16\frac{4}{5}$

17 ① $6\frac{2}{7}$ ② $11\frac{2}{3}$

18 ① $10\frac{1}{2}$ ② $25\frac{1}{3}$

029쪽

19 $2\frac{1}{3}$, $4\frac{5}{7}$

20 $9\frac{1}{3}$, $8\frac{7}{25}$

21 $1\frac{5}{9}$, $4\frac{2}{3}$

22 $5\frac{1}{16}$, $6\frac{3}{4}$

23 $7\frac{1}{2}$, $8\frac{3}{4}$

24 $9\frac{1}{3}$, $10\frac{2}{3}$

25 $3\frac{3}{10}$

26 $17\frac{1}{2}$

27 $13\frac{5}{7}$

28 $4\frac{1}{3}$, $\frac{7}{9}$, $5\frac{4}{7}$ / $5\frac{4}{7}$

030쪽

29 $1\frac{2}{3}$, $3\frac{1}{3}$

30 $2\frac{3}{5}$, $3\frac{5}{7}$

31 $3\frac{5}{6}$, $8\frac{5}{8}$

32 $2\frac{3}{4}$, $4\frac{2}{5}$

33 $1\frac{4}{5}$, $10\frac{4}{5}$

34 $1\frac{2}{5}$, $3\frac{9}{25}$

031쪽 07회 (대분수)÷(대분수)

031쪽

1 5, 8, 25, 24,
$\frac{25}{24}$, $1\frac{1}{24}$

2 19, 3, 38, 21,
$\frac{38}{21}$, $1\frac{17}{21}$

3 24, 11, 96, 55,
$\frac{96}{55}$, $1\frac{41}{55}$

4 7, 9, 7,
$\frac{7}{9}$, $\frac{49}{36}$, $1\frac{13}{36}$

5 10, 11, 10,
$\frac{8}{11}$, $\frac{80}{33}$, $2\frac{14}{33}$

6 38, 12, 38,
$\frac{5}{12}$, 95, $2\frac{11}{42}$

032쪽

7 ① $2\frac{2}{27}$ ② $1\frac{1}{9}$

8 ① $2\frac{6}{7}$ ② $1\frac{5}{7}$

9 ① $5\frac{1}{3}$ ② $1\frac{1}{7}$

10 ① $5\frac{5}{21}$ ② $4\frac{5}{18}$

11 ① $3\frac{5}{26}$ ② $1\frac{31}{52}$

12 ① $2\frac{4}{5}$ ② $1\frac{13}{80}$

13 ① $\frac{9}{20}$ ② $\frac{5}{6}$

14 ① $\frac{14}{27}$ ② $\frac{21}{32}$

15 ① $\frac{3}{5}$ ② $\frac{25}{34}$

16 ① $\frac{4}{13}$ ② $\frac{2}{3}$

17 ① $\frac{8}{21}$ ② $\frac{2}{3}$

18 ① $\frac{14}{45}$ ② $\frac{21}{40}$

033쪽

19 $1\frac{9}{16}$, $\frac{15}{16}$

20 $4\frac{1}{2}$, $\frac{7}{8}$

21 $\frac{3}{5}$, $2\frac{1}{4}$

22 $1\frac{1}{20}$, $2\frac{1}{3}$

23 $\frac{2}{3}$, $2\frac{1}{4}$

24 $\frac{7}{20}$

25 $\frac{14}{75}$

26 $\frac{9}{26}$

27 $2\frac{1}{2}$, $1\frac{2}{3}$, $1\frac{1}{2}$ / $1\frac{1}{2}$

034쪽

28 $1\frac{7}{22}$배

29 $2\frac{4}{7}$배

30 $1\frac{11}{49}$배

31 $3\frac{1}{2}$배

32 $1\frac{3}{5}$배

33 $2\frac{2}{5}$배

34 $1\frac{3}{25}$배

35 $2\frac{13}{16}$배

035쪽 08회 1단원 테스트

035쪽

1 ① 3 ② 2

2 ① 4 ② 2

3 ① 3 ② 5

4 ① $\frac{3}{5}$ ② $\frac{3}{7}$

5 ① $\frac{3}{4}$ ② $\frac{1}{2}$

6 ① $1\frac{1}{5}$ ② $1\frac{1}{2}$

7 ① $\frac{5}{6}$ ② $\frac{25}{28}$

8 ① $\frac{1}{4}$ ② $\frac{27}{28}$

9 ① $2\frac{4}{5}$ ② $2\frac{3}{16}$

10 ① 12 ② 19

11 ① 22 ② 39

12 ① $16\frac{1}{2}$ ② $27\frac{1}{2}$

036쪽

13 ① $1\frac{1}{3}$ ② $4\frac{1}{2}$

14 ① $2\frac{6}{7}$ ② $3\frac{1}{3}$

15 ① $1\frac{14}{25}$ ② $2\frac{1}{7}$

16 ① $2\frac{4}{5}$ ② $1\frac{5}{6}$

17 ① $4\frac{5}{18}$ ② $8\frac{1}{3}$

18 ① $21\frac{2}{3}$ ② $28\frac{3}{5}$

19 ① $1\frac{4}{5}$ ② $1\frac{1}{20}$

20 ① $2\frac{2}{7}$ ② $1\frac{13}{35}$

21 ① $2\frac{13}{18}$ ② $1\frac{1}{6}$

22 ① $\frac{3}{7}$ ② $\frac{27}{32}$

23 ① $\frac{2}{3}$ ② $\frac{4}{5}$

24 ① $\frac{15}{56}$ ② $\frac{25}{32}$

037쪽

㉕ $1\frac{3}{5}$, $\frac{16}{19}$

㉖ $2\frac{5}{8}$, $3\frac{1}{8}$

㉗ $18\frac{3}{4}$, $37\frac{1}{2}$

㉘ $8\frac{1}{6}$, $9\frac{1}{3}$

㉙ $3\frac{3}{7}$, $\frac{32}{35}$

㉚ <

㉛ >

㉜ <

㉝ >

㉞ $8\frac{4}{5}$

㉟ $2\frac{2}{21}$

㊱ $3\frac{1}{3}$

038쪽

㊲ $\frac{12}{13}$, $\frac{4}{13}$, 3 / 3

㊳ 4000, $\frac{4}{7}$, 7000 / 7000

㊴ $\frac{12}{7}$, $\frac{3}{14}$, 8 / 8

㊵ $8\frac{5}{9}$, $\frac{7}{18}$, 22 / 22

042쪽

⑨ ① 8, 8   ② 4, 4

⑩ ① 21, 21   ② 6, 6

⑪ ① 7, 7   ② 4, 4

⑫ ① 7, 7   ② 3, 3

⑬ ① 15, 15   ② 3, 3

⑭ ① 16, 16   ② 4, 4

⑮ ① 17   ② 36

⑯ ① 13   ② 24

⑰ ① 5   ② 32

⑱ ① 8   ② 34

⑲ ① 4   ② 12

⑳ ① 2   ② 21

㉑ ① 6   ② 11

㉒ ① 4   ② 8

043쪽

㉓ 13

㉔ 23

㉕ 16

㉖ 26, 6

㉗ 51, 12

㉘ 27, 9

㉙ (○)(   )

㉚ (   )(○)

㉛ (○)(   )

㉜ (○)(   )

㉝ (   )(○)

㉞ 48.6, 1.8, 27 / 27

041쪽 **09회 (소수 한 자리 수)÷(소수 한 자리 수)**

041쪽

① 36, 6, 6 / 6

② 52, 4, 13 / 13

③ 98, 7, 14 / 14

④ 8, 4, 8, 4, 2

⑤ 33, 3, 33, 3, 11

⑥ 56, 7, 56, 7, 8

⑦ 64, 4, 64, 4, 16

⑧ 81, 9, 81, 9, 9

044쪽

㉟ 0.8, 3.2

㊱ 9.9, 1.1

㊲ 1.3, 7.8

㊳ 19.5, 1.5

㊴ 2.6, 31.2

㊵ 75.6, 4.2

045쪽 10회 (소수 두 자리 수)÷(소수 두 자리 수)

045쪽

1 96, 24, 4 / 4

2 369, 9, 41 / 41

3 868, 31, 28 / 28

4 ①
```
          8 3
0.03 ) 2.4 9
       2 4
         9
         9
         0
```
②
```
          4 4
0.08 ) 3.5 2
       3 2
         3 2
         3 2
         0
```

5 ①
```
          6 1
0.07 ) 4.2 7
       4 2
         7
         7
         0
```
②
```
          9 6
0.06 ) 5.7 6
       5 4
         3 6
         3 6
         0
```

6 ①
```
          2 7
0.25 ) 6.7 5
       5 0
       1 7 5
       1 7 5
         0
```
②
```
          1 8
0.48 ) 8.6 4
       4 8
       3 8 4
       3 8 4
         0
```

046쪽

7 ① 64 ② 8

8 ① 77 ② 35

9 ① 54 ② 3

10 ① 44 ② 7

11 ① 42 ② 9

12 ① 31 ② 8

13 ① 19 ② 37

14 ① 4 ② 36

15 ① 13 ② 25

16 ① 11 ② 23

17 ① 6 ② 17

18 ① 9 ② 16

19 ① 5 ② 21

20 ① 6 ② 18

047쪽

21 24, 9

22 13, 5

23 15, 8

24 ① 3 ② 9

25 ① 38 ② 16

26 ① 11 ② 13

27 ( ) (○)

28 ( ) (○)

29 (○) ( )

30 (○) ( )

31 18.24, 4.56, 4 / 4

048쪽

32 다

33 가

34 라

049쪽 11회 (소수 두 자리 수)÷(소수 한 자리 수)

049쪽

1
```
            1.5
250 ) 3 7 5.0
      2 5 0
      1 2 5 0
      1 2 5 0
            0
```

4
```
          1.5
25 ) 3 7.5
     2 5
     1 2 5
     1 2 5
         0
```

2
```
            3.6
190 ) 6 8 4.0
      5 7 0
      1 1 4 0
      1 1 4 0
            0
```

5
```
          3.6
19 ) 6 8.4
     5 7
     1 1 4
     1 1 4
         0
```

3
```
            1.8
430 ) 7 7 4.0
      4 3 0
      3 4 4 0
      3 4 4 0
            0
```

6
```
          1.8
43 ) 7 7.4
     4 3
     3 4 4
     3 4 4
         0
```

050쪽

7 ① 8.1 ② 2.7
8 ① 5.6 ② 1.6
9 ① 8.7 ② 2.9
10 ① 9.8 ② 2.8
11 ① 3.4 ② 2.8
12 ① 4.3 ② 3.6

13 ① 2.4 ② 8.3
14 ① 2.5 ② 4.9
15 ① 4.3 ② 7.9
16 ① 1.6 ② 4.8
17 ① 3.1 ② 8.3
18 ① 2.7 ② 5.1
19 ① 2.8 ② 6.4
20 ① 3.3 ② 7.4

051쪽

21 7.6, 1.9
22 6.4, 2.8
23 8.4, 5.6
24 2.9, 4.7
25 3.4, 4.5
26 2.5, 4.2

27 1.7, 1.9
28 6.3, 6.7
29 2.4, 2.9
30 6.45, 4.3, 1.5 / 1.5

052쪽

31 2.9배
32 3.5배
33 2.7배
34 4.1배

053쪽 **12회 (자연수)÷(소수 한 자리 수)**

053쪽

1 270, 9, 30 / 30
2 560, 35, 16 / 16
3 760, 19, 40 / 40

4 ①
```
          2 8
0.5 ) 1 4.0
      1 0
        4 0
        4 0
          0
```
②
```
          2 5
0.8 ) 2 0.0
      1 6
        4 0
        4 0
          0
```

5 ①
```
          1 5
1.6 ) 2 4.0
      1 6
        8 0
        8 0
          0
```
②
```
          1 4
2.5 ) 3 5.0
      2 5
      1 0 0
      1 0 0
          0
```

6 ①
```
          3 5
1.4 ) 4 9.0
      4 2
        7 0
        7 0
          0
```
②
```
          1 5
3.8 ) 5 7.0
      3 8
      1 9 0
      1 9 0
          0
```

054쪽

7 ① 45 ② 6
8 ① 30 ② 20
9 ① 54 ② 15
10 ① 30 ② 15
11 ① 15 ② 12
12 ① 48 ② 16

13 ① 16 ② 24
14 ① 15 ② 25
15 ① 16 ② 24
16 ① 5 ② 25
17 ① 10 ② 30
18 ① 14 ② 22
19 ① 5 ② 15
20 ① 15 ② 25

055쪽

21 30

22 26

23 25

24 2, 5

25 12, 8

26 24, 5

27 ㉡

28 ㉠

29 ㉠

30 ㉡

31 ㉠

32 21, 1.4, 15 / 15

056쪽

33 5

34 40

35 26

36 20

37 35

38 18

39 15

40 45

057쪽 13회 (자연수)÷(소수 두 자리 수)

057쪽

1 700, 28, 25 / 25

2 2500, 125, 20 / 20

3 3600, 225, 16 / 16

4
```
            4 4
0.25 ) 1 1.0 0
       1 0 0
       1 0 0
       1 0 0
             0
```

5
```
            2 5
1.28 ) 3 2.0 0
       2 5 6
         6 4 0
         6 4 0
             0
```

6
```
            1 2
4.75 ) 5 7.0 0
       4 7 5
         9 5 0
         9 5 0
             0
```

058쪽

7 ① 48 ② 16

8 ① 60 ② 12

9 ① 40 ② 8

10 ① 12 ② 4

11 ① 36 ② 20

12 ① 48 ② 16

13 ① 4 ② 28

14 ① 25 ② 75

15 ① 24 ② 32

16 ① 12 ② 20

17 ① 8 ② 24

18 ① 4 ② 20

19 ① 4 ② 12

20 ① 12 ② 20

059쪽

21

22

23 12, 20

24 8, 25

25 25, 40

26 4

27 40

28 8

29 50

30 32

31 81, 3.24, 25 / 25

060쪽

32 36

33 24

34 25

35 20

36 40

37 16

● 가뭄에 콩 나듯

061쪽 14회 몫을 반올림하여 나타내기

061쪽

1 9 / 0.7

2 3 / 5.3

3 8 / 3.3

4 2 / 2.7

5 6 / 1.17

6 2 / 2.14

7 3 / 4.83

8 9 / 2.77

062쪽

9 ① 1.8, 1.83
   ② 1.6, 1.57

10 ① 4.7, 4.67
   ② 2.3, 2.33

11 ① 3.7, 3.71
   ② 2.9, 2.89

12 ① 5.2, 5.17
   ② 3.4, 3.44

13 ① 2.5, 2.49
   ② 1.6, 1.64

14 ① 3.3 ② 5.7

15 ① 2.67 ② 4.17

16 ① 2.6 ② 4.6

17 ① 2.44 ② 5.67

18 ① 7.7 ② 17.3

19 ① 2.62 ② 3.65

063쪽

20 (위에서부터) 5.3, 2.5

21 (위에서부터) 6.9, 4.1

22 2.56

23 5.86

24 3.52

25 <

26 >

27 >

28 70, 39, 1.8 / 1.8

064쪽

29 5.3

30 85, 14, 6.1

31 97, 35, 2.8

32 76, 24, 3.2

33 98, 15, 6.5

34 75, 34, 2.2

065쪽 15회 나누어 주고 남는 양 구하기

065쪽

1 3, 3, 0.5

2 2, 2, 2, 1.6

3 4, 4, 4, 3.2

4 9, 9, 4.7

5 1.4 / 2, 1.4

6 0.8 / 4, 0.8

7 2.6 / 3, 2.6

8 3.2 / 6, 3.2

066쪽

9 ① 6, 0.3 ② 3, 3.3

10 ① 6, 1.2 ② 4, 5.2

11 ① 8, 3.9 ② 7, 1.9

12 ① 7, 1.6 ② 5, 5.6

13 ① 9, 1.6 ② 17, 1.3

14 ① 5, 1.1 ② 13, 1.5

15 ① 8, 1.9 ② 13, 2.2

16 ① 3, 4.7 ② 11, 5.3

17 ① 5, 0.8 ② 7, 1.2

18 ① 4, 4.6 ② 10, 3.4

067쪽

19 5, 0.7

20 9, 3.2

21 10, 5.4

22 (○)(　)

23 (　)(○)

24 (○)(　)

25 (　)(○)

26 27.3

27 51.6

28 71.4

29 83.5

30 42.2, 5, 8, 2.2 / 8, 2.2

068쪽

31 0.5, 0.9, 2.3

32 1.4, 3.3, 0.8

33 1.6, 0.5, 2.2

34 0.3, 4.5, 2.6

069쪽 · 16회 2단원 테스트

069쪽

1 ① 8 ② 4
2 ① 42 ② 8
3 ① 48 ② 8
4 ① 9 ② 4
5 ① 12 ② 3
6 ① 91 ② 39

7 ① 6.9 ② 4.6
8 ① 9.2 ② 2.3
9 ① 16 ② 5
10 ① 18 ② 6
11 ① 44 ② 25
12 ① 36 ② 12

070쪽

13 ① 9 ② 15
14 ① 6 ② 38
15 ① 6.4 ② 9.7
16 ① 3.5 ② 8.3
17 ① 5 ② 25
18 ① 8 ② 18
19 ① 16 ② 40
20 ① 12 ② 20

21 ① 3.7 ② 5.3
22 ① 5.83 ② 8.67
23 ① 2.1 ② 5.9
24 ① 4.22 ② 7.67
25 ① 9.7 ② 15.7
26 ① 5.67 ② 7.86

071쪽

27 9, 3
28 24, 4
29 24, 16
30 (○)( )
31 ( )(○)
32 (○)( )

33 6.83, 3.17
34 9.71, 4.57
35 8.83, 3.67
36 22.1
37 67.5
38 77.6
39 96.2

072쪽

40 4.44, 1.48, 3 / 3
41 0.96, 0.4, 2.4 / 2.4
42 410, 20.5, 20 / 20
43 37.4, 4, 9, 1.4 / 9, 1.4

075쪽 · 17회 쌓은 모양을 보고 위, 앞, 옆에서 본 모양 그리기

075쪽

1 앞

2 앞

3 앞

4 앞

5 옆

6 옆

7 옆

8 옆

076쪽

9 앞, 위, 옆
10 옆, 위, 앞
11 앞, 옆, 위

12 앞 옆
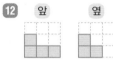

13 앞 옆
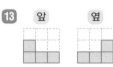

14 앞 옆
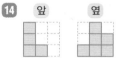

077쪽

15 ㉠, ㉢, ㉡
16 ㉡, ㉠, ㉢
17 ㉢, ㉢, ㉠

18 나
19 가
20 2, 1, 2, 2, 2 / 앞

078쪽

21 가
22 나
23 가

24 가
25 나
26 나

079쪽 18회 위, 앞, 옆에서 본 모양을 보고 쌓기나무의 개수 구하기

079쪽

1 1, 5

2 2, 6

3 2, 1, 8

4 ( ) (○) / 6

5 (○) ( ) / 7

080쪽

6 4개

7 5개

8 6개

9 8개

10 8개

11 7개

12 9개

13 10개

14 11개

15 13개

081쪽

16 ① 1, 1 ② 3, 2 ③ 7

17 ① 1, 1 ② 2, 2, 1 ③ 7

18 ① 1, 1 ② 3, 1, 2 ③ 8

19 ( ) (○) ( )

20 ( ) ( ) (○)

21 6, 3, 1, 10 / 10

082쪽

22 나

23 가

24 가

25 나

083쪽 19회 위에서 본 모양에 수를 쓴 것을 이용하기

083쪽

1 위 / 6

4 앞, 옆

5 옆, 앞

6 앞, 옆

7 옆, 앞

2 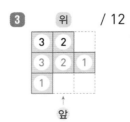 위 / 10

3  위 / 12

084쪽

8 앞 옆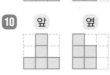

9 앞 옆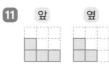

10 앞 옆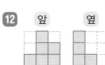

11 앞 옆

12 앞 옆

13 앞 옆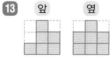

14 앞 옆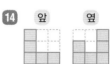

15 앞 옆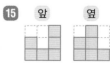

16 앞 옆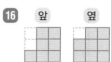

17 앞 옆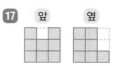

085쪽

 18

 **22** ( ) (○) ( )

23 (○) ( ) ( )

24 2, 2, 3, 2, 2, 3 / 경서

 19

 20

 21

086쪽

25 8, 7 / 효진

26 9, 11 / 수연

27 10, 9 / 영민

28 8, 6 / 주영

29 13, 11 / 도현

30 6, 8 / 규형

087쪽 **20회 층별로 나타낸 모양을 보고 쌓기나무의 개수 구하기**

087쪽

 **1** 2층 / 1, 6

 2 2층 / 2, 8

 **3** 2층 / 7, 3, 10

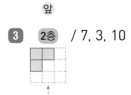 **4** 위
5 위
6 위
7 위

088쪽

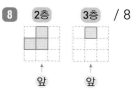 **8** 2층 3층 / 8

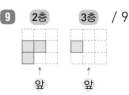 **9** 2층 3층 / 9

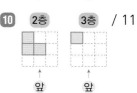 **10** 2층 3층 / 11

11 다

12 가

13 나

089쪽

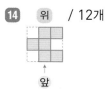 **14** 위 / 12개

 15 위 / 8개

 16 위 / 14개

 17 위 / 9개

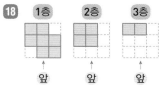 **18** 1층 2층 3층

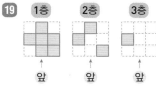 **19** 1층 2층 3층

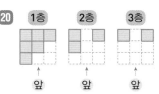 **20** 1층 2층 3층

21 9, 6, 3, 18 / 18

090쪽

22 진호, 상진

23 현우, 희주

24 진성, 민형

정답 **13**

091쪽 21회 3단원 테스트

091쪽

1 위, 옆, 앞
2 앞, 위, 옆
3 옆, 위, 앞

4 7개
5 9개
6 6개
7 11개
8 12개

092쪽

9 앞 옆

10 앞 옆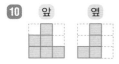

11 앞 옆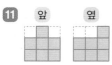

12 앞 옆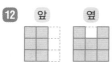

13 앞 옆

14 2층 3층 / 10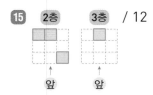
앞 앞

15 2층 3층 / 12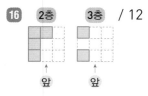
앞 앞

16 2층 3층 / 12
앞 앞

093쪽

17 ㉤, ㉢, ㉠
18 ㉣, ㉠, ㉤
19 ㉠, ㉣, ㉤

20

21

22 위 / 8개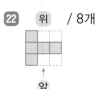
앞

23 위 / 10개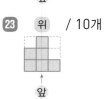
앞

094쪽

24 2, 1, 2, 2 / 옆
25 6, 4, 1, 11 / 11

26 2, 3, 2, 1, 1, 2 / 근우
27 5, 3, 2, 10 / 10

097쪽 22회 비의 성질

097쪽

1 9, 6 / 3
2 6 / 24, 30
3 32, 28 / 4
4 5 / 45, 50

5 5, 3 / 2
6 4 / 3, 4
7 5, 7 / 3
8 5 / 5, 4

098쪽

9 4 / 4, 12
10 2 / 8, 18
11 5 / 35, 30
12 3 / 36, 15
13 2 / 2, 3
14 3 / 5, 4
15 6 / 5, 7
16 5 / 9, 5

17 18 : 12
18 30 : 5
19 32 : 44
20 30 : 21
21 75 : 85
22 4 : 9
23 8 : 7
24 7 : 3
25 5 : 9
26 11 : 13

099쪽

27 [선 연결]
28 [선 연결]
29 가
30 나

31 14 : 28
32 12 : 20
33 10 : 8
34 55 : 45
35 7, 21 / 21

100쪽

36 (○)( )
(○)( )

37 ( )(○)
(○)( )

38 ( )(○)
( )(○)

39 (○)( )
(○)( )

104쪽

34 9, 5

35 3, 4

36 5, 12

37 4, 3

38 2, 3

39 3, 2

40 1, 2

41 3, 1

101쪽 **23회 소수, 분수의 비를 간단한 자연수의 비로 나타내기**

101쪽

1 2, 7 / 10

2 72, 19 / 100

3 10 / 12 / 3 / 12, 4, 7

4 5, 4 / 20

5 21, 20 / 24

6 9 / 4 / 2 / 4, 2, 3

102쪽

7 10 / 3, 5

8 10 / 34, 23

9 10 / 55, 73

10 10 / 89, 47

11 12 / 3, 8

12 40 / 15, 8

13 18 / 14, 15

14 ① 15 : 7 ② 15 : 32

15 ① 6 : 5 ② 1 : 2

16 ① 8 : 3 ② 2 : 3

17 ① 7 : 11 ② 21 : 43

18 ① 4 : 5 ② 5 : 3

19 ① 35 : 36 ② 21 : 40

20 ① 2 : 3 ② 25 : 24

103쪽

21 1 : 4

22 9 : 2

23 2 : 3

24 29 : 17

25 6 : 7

26 4 : 3

27 3 : 2

28 5 : 6

29 ㉡

30 ㉠

31 ㉡

32 ㉠

33 35.5, 45.5, 71, 91
/ 71, 91

105쪽 **24회 소수와 분수의 비를 간단한 자연수의 비로 나타내기**

105쪽

1 0.5 / 0.5, 10 / 2, 5

2 0.9 / 0.9, 10 / 5, 9

3 0.75 / 0.75, 100
/ 64, 75

4 $\frac{3}{10}$ / $\frac{3}{10}$, 10 / 3, 8

5 $\frac{97}{100}$ / $\frac{97}{100}$, 100
/ 97, 30

106쪽

6 ① 3 : 5 ② 3 : 4

7 ① 2 : 1 ② 25 : 7

8 ① 8 : 9 ② 16 : 3

9 ① 4 : 1 ② 24 : 7

10 ① 25 : 44 ② 25 : 37

11 ① 35 : 26 ② 7 : 11

12 ① 2 : 5 ② 5 : 1

13 ① 4 : 5 ② 6 : 5

14 ① 5 : 4 ② 11 : 4

15 ① 7 : 10 ② 63 : 20

16 ① 17 : 19 ② 42 : 19

17 ① 15 : 44 ② 25 : 44

107쪽

18

19

20 ( )(○)

21 (○)( )

22 2, 3

23 2, 1

24 3, 1

25 0.25, $\frac{1}{7}$, 7, 4 / 7, 4

108쪽

26 7, 8

27 49, 43

28 17, 15

29 34, 37

30 32, 29

31 9, 13

109쪽 25회 비례식

109쪽

1 ① 4   ② 8, 4
③ 비례식입니다

2 ① 6   ② 18, 9
③ 비례식이 아닙니다

3 ① 9, 1   ② 1
③ 비례식입니다

4 ① 3, 14   ② 3

5 ① 2, 20   ② 2

6 ① 16, 3   ② 16

7 ① 15, 5   ② 15

110쪽

8 9, 12

9 20, 28

10 42, 12

11 48, 54

12 81, 36

13 44, 24

14 2, 7

15 5, 3

16 6, 13

17 5, 11

18 18, 13

19 12, 5

111쪽

20 $1:2=4:8$, $8:4=2:1$

21 $3:5=12:20$,
$20:5=12:3$

22 $9:7=27:21$,
$21:27=7:9$

23 6, 15

24 9, 15

25 9, 35

26 36, 45

27 6, 7, 54, 63
(또는 54, 63, 6, 7)

28 13, 9, 39, 27
(또는 39, 27, 13, 9)

29 35, 84, 5, 12
(또는 5, 12, 35, 84)

30 32, 32, $\frac{5}{8}$, 12, 12, $\frac{1}{2}$
/ 가

112쪽

31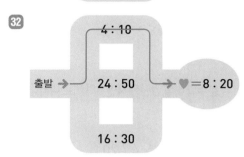

32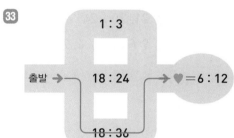

33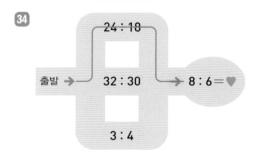

34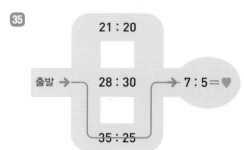

35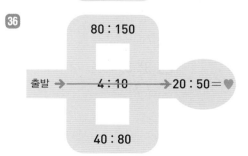

36

113쪽 26회 비례식의 성질

113쪽

1 24, 24 / 비례식입니다

2 98, 105
/ 비례식이 아닙니다

3 75, 60
/ 비례식이 아닙니다

4 48, 48 / 비례식입니다

5 10, 30, 5, 30 / 6

6 7, 168, 8, 168 / 21

7 6, 60, 5, 60 / 12

114쪽

8 ① 12 ② 9

9 ① 8 ② 63

10 ① 18 ② 70

11 ① 22 ② 60

12 ① 4 ② 20

13 ① 3 ② 4

14 ① 2 ② 10

15 ① 5 ② 14

16 ① 15 ② 10

17 ① 6 ② 20

18 ① 12 ② 9

19 ① 15 ② 10

20 ① 5 ② 28

21 ① 6 ② 21

115쪽

22 84, 84 / ○

23 64, 60 / ×

24 54, 54 / ○

25 0.4 : 0.3 = 20 : 15

26 1.2 : 6 = 8 : 40

27 $\frac{1}{2} : \frac{1}{3} = 3 : 2$

28 $\frac{1}{5} : \frac{5}{9} = 9 : 25$

29 ㉡

30 ㉠

31 ㉠

32 ㉡

33 ㉠

34 5, 3, 3600 / 3600

116쪽

35 5, 14(또는 14, 5)

36 6, 12(또는 12, 6)

37 6, 16(또는 16, 6)

38 3, 33(또는 33, 3)

39 5, 27(또는 27, 5)

40 10, 12(또는 12, 10)

41 4, 40(또는 40, 4)

42 9, 20(또는 20, 9)

117쪽 27회 비례배분

117쪽

1 ① 2, $\frac{2}{5}$ ② 3, $\frac{3}{5}$

2 ① 5, $\frac{5}{9}$ ② 4, $\frac{4}{9}$

3 ① 2, 1, 6 ② 2, 1, 3

4 ① 3, 5, 6 ② 3, 5, 10

5 ① 1, 9, 3 ② 1, 9, 27

118쪽

6 ① 5, 10 ② 3, 12

7 ① 14, 7 ② 6, 15

8 ① 20, 4 ② 10, 14

9 ① 40, 5 ② 24, 21

10 ① 44, 16 ② 33, 27

11 ① 95, 40 ② 57, 78

12 ① 6, 12 ② 14, 4

13 ① 12, 18 ② 21, 9

14 ① 11, 66 ② 35, 42

15 ① 30, 70 ② 65, 35

16 ① 50, 90 ② 77, 63

17 ① 63, 112 ② 95, 80

119쪽

18 16, 20

19 10, 40

20 35, 60

21 10, 15

22 27, 36

23 50, 30

24 10, 25

25 42, 18

26 52, 36

27 20, $\frac{2}{5}$, 8 / 8

120쪽

28 ㅎ, ㅏ, ㄴ, ㄱ, ㅡ, ㄹ
/ 한글

29 ㄷ, ㅏ, ㄴ, ㅍ, ㅜ, ㅇ
/ 단풍

30 ㅅ, ㅓ, ㄴ, ㅁ, ㅜ, ㄹ
/ 선물

31 ㅎ, ㅏ, ㄱ, ㅅ, ㅐ, ㅇ
/ 학생

121쪽 **28회** 4단원 테스트

127쪽 **29회** 원주, 원주율

121쪽

1 18 : 27
2 21 : 56
3 20 : 16
4 42 : 54
5 88 : 24
6 2 : 3
7 4 : 3
8 5 : 7
9 13 : 11
10 4 : 1

11 ① 7 : 3 ② 7 : 12
12 ① 5 : 4 ② 3 : 5
13 ① 12 : 5 ② 7 : 2
14 ① 7 : 15 ② 9 : 10
15 ① 12 : 25 ② 16 : 15
16 ① 2 : 1 ② 15 : 7
17 ① 36 : 25 ② 9 : 2

127쪽

1 (○)( )
2 ( )(○)
3 ( )(○)
4 (○)( )

5 15.5, 5, 3.1
6 21.98, 7, 3.14
7 31, 10, 3.1

122쪽

18 ① 36 ② 28
19 ① 39 ② 25
20 ① 5 ② 12
21 ① 3 ② 10
22 ① 10 ② 21
23 ① 12 ② 35
24 ① 8 ② 30

25 ① 12, 4 ② 6, 10
26 ① 44, 11 ② 20, 35
27 ① 56, 16 ② 42, 30
28 ① 7, 28 ② 15, 20
29 ① 16, 40 ② 36, 20
30 ① 20, 90 ② 65, 45

128쪽

8 3.1
9 3.14
10 3
11 3.1
12 3.14

13 3.14
14 3.1
15 3.1
16 3.14
17 3

123쪽

31

32

33 2 : 3
34 23 : 8
35 16 : 9
36 11 : 28
37 12 : 5

38 ㉠
39 ㉡
40 ㉢
41 ㉠
42 30, 12
43 28, 49
44 63, 35

129쪽

18 3
19 3.1
20 3.14
21 3.1, 3.1, 3.1
22 3.14, 3.14, 3.14

23 ㉠
24 ㉢
25 ㉡
26 ㉠
27 87.92, 28, 3.14 / 3.14

124쪽

45 18, 3 / 18
46 2.4, 1.6, 3, 2 / 3, 2

47 7, 10, 3500 / 3500
48 90, $\frac{11}{18}$, 55 / 55

130쪽

28 3
29 3.14
30 3.1

31 3.1
32 3
33 3.14

131쪽 30회 원주 구하기

131쪽

1 3.1, 18.6

2 8, 3.1, 24.8

3 9, 3.1, 27.9

4 11, 3.1, 34.1

5 2, 3, 24

6 6, 2, 3, 36

7 7, 2, 3, 42

8 8, 2, 3, 48

132쪽

9 15.5 cm

10 21.98 cm

11 39 cm

12 55.8 cm

13 78.5 cm

14 18.84 cm

15 30 cm

16 49.6 cm

17 62.8 cm

18 86.8 cm

133쪽

19 43.4 cm

20 72 cm

21 119.32 cm

22 9.3, 27.9

23 24.8, 52.7

24 43.4, 80.6

25 54 cm

26 81.64 cm

27 124 cm

28 169.56 cm

29 4, 3.1, 24.8 / 24.8

134쪽

30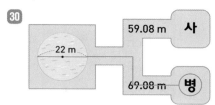

31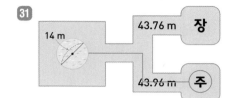

32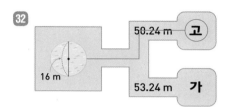

33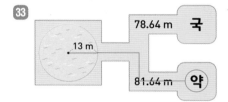

34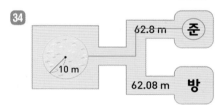

35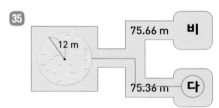

◆ 병 주고 약 준다

135쪽 31회 지름 또는 반지름 구하기

135쪽

1 3.1, 2

2 12.4, 3.1, 4

3 24.8, 3.1, 8

4 34.1, 3.1, 11

5 2, 3

6 30, 3, 2, 5

7 36, 3, 2, 6

8 42, 3, 2, 7

136쪽

9 3 cm

10 5 cm

11 13 cm

12 16 cm

13 18 cm

14 4 cm

15 6 cm

16 9 cm

17 12 cm

18 14 cm

137쪽

19 8 cm

20 11 cm

21 15 cm

22 3, 7

23 6, 10

24 11, 13

25 (○)
( )

26 ( )
(○)

27 (○)
( )

28 ( )
(○)

29 248, 3.1, 80 / 80

138쪽

30 형규

31 민호

139쪽 32회 원의 넓이 구하기

139쪽

1 3, 27.9

2 12.4, 4, 49.6

3 18.6, 6, 111.6

4 5, 5, 75

5 6, 6, 3, 108

6 8, 8, 3, 192

7 10, 10, 3, 300

140쪽

8 12.4 cm²

9 78.5 cm²

10 243 cm²

11 530.66 cm²

12 697.5 cm²

13 28.26 cm²

14 49.6 cm²

15 153.86 cm²

16 300 cm²

17 607.6 cm²

141쪽

18 2826 cm²

19 4800 cm²

20 7750 cm²

21 432 cm²

22 1587 cm²

23 4332 cm²

24 99 cm²

25 48 cm²

26 81 cm²

27 15, 15, 3.14, 706.5
/ 706.5

142쪽

28 직사각형, 300

29 원, 128

30 원, 77

31 직사각형, 253

143쪽 33회 원의 넓이를 이용하여 색칠한 부분의 넓이 구하기

143쪽

1 5, 5, 3, 3, 75, 27, 48

2 8, 8, 4, 4, 192, 48, 144

3 2, 8 / 8, 8, 198.4 / 198.4

4 2, 11 / 11, 11, 3.1, 375.1 / 375.1

144쪽

5 81 cm²

6 102.3 cm²

7 157 cm²

8 121 cm²

9 285.66 cm²

10 48 cm²

11 153.86 cm²

12 99.2 cm²

13 470.34 cm²

14 223.2 cm²

145쪽

15 22.5 m²

16 32.4 m²

17 170.5 m²

18 130.2 m²

19 53.9 m²

20 <

21 =

22 >

23 8, 8, 5, 5, 192, 75, 117 / 117

146쪽

24 85

25 240

26 150

27 81

28 288

29 324

♦ 주희

147쪽 34회 5단원 테스트

147쪽

1 3.1

2 3.14

3 3

4 3.14

5 3.1

6 31 cm

7 50.24 cm

8 36 cm

9 69.08 cm

10 93 cm

148쪽

11 7 cm

12 15 cm

13 5 cm

14 8 cm

15 13 cm

16 50.24 cm²

17 310 cm²

18 113.04 cm²

19 243 cm²

20 523.9 cm²

149쪽

21 ©

22 ⓒ

23 ⊙

24 4, 9

25 7, 12

26 13, 15

27 99.2 cm²

28 102.3 cm²

29 75 m²

30 126 m²

31 96 m²

150쪽

32 40, 3.14, 251.2 / 251.2

33 77.5, 3.1, 25 / 25

34 16, 16, 3, 768 / 768

35 5, 5, 2, 2, 75, 12, 63 / 63

153쪽 35회 원기둥

153쪽

1 ( ) (○) ( )

2 (○) ( ) ( )

3 ( ) ( ) (○)

4 ( ) (○) ( )

5 (왼쪽에서부터) 높이, 밑면

6 (왼쪽에서부터) 옆면, 밑면

7 (왼쪽에서부터) 옆면, 높이

8 (왼쪽에서부터)
밑면, 높이, 옆면

154쪽

9 나, 라

10 가, 바

11 가, 다, 마

12 12, 4

13 14, 13

14 20, 8

15 10, 9

16 13, 17

155쪽

17 (위에서부터) 6, 3

18 (위에서부터) 8, 5

19 (위에서부터) 12, 9

20 (위에서부터) 10, 8

21 (위에서부터) 14, 12

22 10 cm

23 6 cm

24 8 cm

25 14, 9, 5 / 5

156쪽

26
27
28
29

157쪽 36회 원기둥의 전개도

157쪽

1 ( ) (○)

2 (○) ( )

3 (○) ( )

4 ( ) (○)

5 ① 10, 3, 30 ② 12

6 ① 16, 3, 48 ② 15

158쪽

7 (위에서부터) 6, 7

8 (위에서부터) 4, 10

9 (위에서부터) 12, 11

10 (위에서부터) 8, 15

11 14, 14

12 18.6

13 31

14 43.4

15 49.6

16 62

159쪽

17 48 cm

18 60 cm

19 72 cm

20 78 cm

21 8

22 10

23 13

24 10, 3.1, 31 / 31

160쪽

25 118

26 80

27 120

28 106

29 78

30 110

161쪽 37회 원뿔, 구

161쪽

1 (왼쪽에서부터) 모선, 높이

2 (왼쪽에서부터) 밑면, 옆면

3 (왼쪽에서부터)
　모선, 원뿔의 꼭짓점, 높이

4 (왼쪽에서부터)
　원뿔의 꼭짓점, 옆면, 밑면

5 (○)(　)(　)

6 (　)(　)(○)

7 (　)(○)(　)

8 (　)(　)(○)

162쪽

9 10, 12

10 15, 18

11 25, 40

12 26, 20

13 8

14 10

15 12

16 16

17 20

163쪽

18 (위에서부터) 6, 16

19 (위에서부터) 12, 18

20 (위에서부터) 16, 24

21 8

22 11

23 30 cm

24 48 cm

25 62 cm

26 25, 24, 1 / 1

164쪽

27 (○)(×)(○)

28 (×)(○)(○)

29 (○)(○)(×)

165쪽 38회 6단원 테스트

165쪽

1 12, 7

2 16, 5

3 22, 18

4 9, 14

5 12, 10

6 30

7 36

8 48

9 54

10 66

166쪽

11 10, 12

12 17, 16

13 35, 42

14 39, 30

15 6

16 12

17 14

18 18

19 26

167쪽

20 (위에서부터) 10, 8

21 (위에서부터) 18, 11

22 7

23 11

24 14

25 10

26 13

27 16 cm

28 26 cm

29 34 cm

168쪽

30 80, 60, 20 / 20

31 12, 3.1, 37.2 / 37.2

32 20, 2, 40 / 40

33 26, 24, 2 / 2

정답 6·2

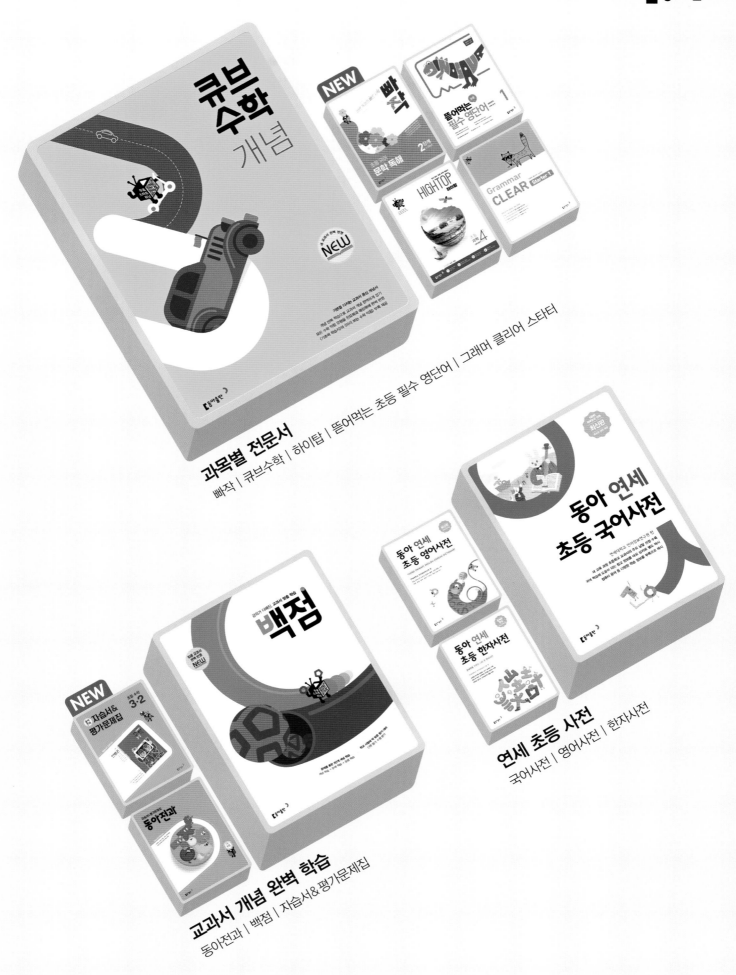

동아출판

과목별 전문서
빠작 | 큐브수학 | 하이탑 | 뜯어먹는 초등 필수 영단어 | 그래머 클리어 스타터

교과서 개념 완벽 학습
동아전과 | 백점 | 자습서&평가문제집

연세 초등 사전
국어사전 | 영어사전 | 한자사전

동아출판

과학 고수들의 필독서

HIGH TOP

#2015 개정 교육과정
#믿고 보는 과학 개념서
#통합과학
#물리학 #화학 #생명과학 #지구과학
#과학 #잘하고싶다 #중요 #개념 #열공
#포기하지마 #엄지척 #화이팅

01
기초부터 심화까지
자세하고 빈틈 없는 개념 설명

02
풍부한 그림 자료,
수준 높은 문제 수록

03
새 교육과정을 완벽 반영한
깊이 있는 내용

중학교 1~3학년 / **고등학교** 통합과학 / 물리학 Ⅰ, Ⅱ / 화학 Ⅰ, Ⅱ / 생명과학 Ⅰ, Ⅱ / 지구과학 Ⅰ, Ⅱ